全国测绘地理信息类职业教育规[illegible]材

测绘工程管理

主　编　孔令惠

副主编　唐红梅　李洪超　马玉宝

主　审　叶　飞　何　宽

本书立体化资源

黄河水利出版社

·郑州·

内容提要

本书为全国测绘地理信息类职业教育规划教材,结合测绘生产项目的任务特点,本书分为八个项目,分别为:测绘工程管理概述、测绘工程相关法律法规、测绘工程合同管理、测绘工程项目管理、测绘工程生产管理、测绘工程质量控制与管理、测绘成果管理、测绘行业管理;另有一些相关法律法规作为附录。

本书可供高职高专工程测量技术、测绘地理信息、地籍测绘与土地管理等专业的教学使用,也可作为测绘类专业从业人员的参考书籍及测绘类专业本科教材使用。

图书在版编目(CIP)数据

测绘工程管理/孔令惠主编.—郑州:黄河水利出版社,2019.6 (2025.8 修订重印)
全国测绘地理信息类职业教育规划教材
ISBN 978-7-5509-2336-2

I. ①测… II. ①孔… III. ①工程测量-工程管理-高等职业教育-教材 IV. ①TB22

中国版本图书馆 CIP 数据核字(2019)第 077818 号

策划编辑:陶金志　电话:0371-66025273　E-mail:838739632@qq.com

出 版 社:黄河水利出版社
地址:河南省郑州市顺河路黄委会综合楼 14 层　邮政编码:450003
发行单位:黄河水利出版社
发行部电话:0371-66026940、66020550、66028024、66022620(传真)
E-mail:hhslcbs@126.com
承印单位:河南承创印务有限公司
开本:787 mm×1 092 mm　1/16
印张:10.5
字数:249 千字
版次:2019 年 6 月第 1 版　印次:2025 年 8 月第 2 次印刷
2025 年 8 月修订

定价:36.00 元

前 言

随着时代的发展与科技的进步，测绘地理信息技术在国家建设、国家安全和城市发展等领域发挥着越来越重要的作用。高等职业教育要全面贯彻党的二十大精神，落实立德树人根本任务，加强职业道德和职业精神教育；基于此，为适应市场复合型、专业综合素养过硬的测绘地理信息类高技能人才需要，我们组织编写了这本《测绘工程管理》立体化教材。

本教材及时收录了《中华人民共和国测绘法》的最新修订内容、《中华人民共和国民法典》合同法编等，帮助学生了解最新行业规范，为未来的职业生涯奠定坚实的法律基础。另外，在测绘安全管理等内容中也充分挖掘真实的案例，凝练测绘团队合作、工匠精神、环境保护意识等思政元素，引导学生树立正确的价值观和职业观，培养学生的社会责任感和使命感，以求为学生提供一本理论与实践并重、知识与技能共进的测绘工程管理教材。

本次教材修订结构编写人员包括职业院校骨干教师和行业企业专家。黄河水利职业技术学院孔令惠编写项目一和项目二；中国水利水电建设工程咨询西北有限公司高级工程师马玉宝编写项目三；黄河勘测规划设计研究院有限公司测绘信息工程院高级工程师李明编写项目四，四川中隆达建筑工程有限公司孔令隐编写项目五、附录和参考文献，黄河水利职业技术学院唐红梅编写项目六，山东农业工程学院邢著荣编写项目七，黄河水利职业技术学院李洪超编写项目八。全书由孔令惠任主编并统稿，由马玉宝、孔令隐、唐红梅担任副主编。本书由武汉天宝耐特有限公司高级工程师叶飞和黄河水利职业技术学院何宽教授担任主审。

本教材还配套了丰富的教学资源，包括课件、试题、案例库等，以二维码形式呈现于教材中，学生通过扫码即可获取资源，可满足学生多样化的学习需求。教师使用本教材时也可结合课程特点和学生实际情况，灵活运用案例分析、小组讨论、实地考察等多种教学方法，激发学生的学习兴趣和主动性。

由于教材修编时间紧、内容多，书中难免有疏漏和错误之处，还请专家和读者能不吝指教、提出宝贵意见，以便继续修订完善。

编 者

2025 年 5 月

前言

目 录

项目一　测绘工程管理概述

项目一课件

项目概述

掌握测绘工程管理的基本知识和管理方法，测绘工程管理的主体、客体。

能力目标：能够区分测绘工程管理的不同方法，并根据项目特征选择合适的管理方法。

学习目标

知识目标：掌握测绘工程管理的基本知识和管理方法，测绘工程管理的主体、客体。

能力目标：能够区分测绘工程管理的不同方法，并根据项目特征选择合适的管理方法。

素质目标：提升综合能力、优化工作流程、推动技术创新等，并为测绘单位的可持续发展提供支持。

任务一　管理的基本知识与管理方法

一、管理的基本知识

（一）管理的定义

什么是管理？字面上看“管”和“理”都是指负责、处理的意思。《现代汉语词典》给出的“管理”的释义是“负责某项工作使顺利进行”。所以，通俗地讲，管理，就是为了一定的目标，采用一定的手段，组织一些人一起将某项工作顺利地完成的活动过程。因此，一个管理必定有目标、有组织、有管理和控制的方法、有指挥者、有被管理者。

从历史上看，管理始终存在于各种社会制度的人类社会中，从奴隶社会、封建社会到资本主义社会，人们无不是在一定的控制和管理下完成一些任务，达成管理者的既定目标的。

所以，管理就是在一定的外部环境和内部环境下，领导者做出计划，组织一批人，通过一定的方法和手段，对被管理者采取影响和控制，最终实现既定目标的过程。

这里提到管理的外部环境，即指管理活动存在的整个外部的政治环境和社会环境等，是现存的组织周边的状况；管理的内部环境是指管理活动存在的人员、组织之间的情况，在很多情况下，内部环境会直接影响管理活动的开展。

（二）管理的作用

既然管理的过程中首先有既定目标，那么管理的作用就很明显，就是使目标按计划有组织、有秩序地按期实现。

（三）管理的特性

1. 管理的自然属性

管理的自然属性也是管理的第一属性，它是指管理存在于任何社会制度、任何劳动关系下，不以人的意志为转移的特性。一句话，有人类社会就必然存在管理，没有管理就没有人类社会。

2. 管理的社会属性

管理的社会属性是指管理水平和管理的形式受一定社会制度和生产力水平的影响，呈现出因社会制度的不同，管理的水平也有差异的特性。

3. 管理的科学性

管理，是一门科学，它存在一定的规律和方法，等待着人们去研究和发现。努力研究管理的原理和内涵，使之形成一定的科学体系，必然取得较好的社会效果，推动人类社会向前进步。

4. 管理的艺术性

管理的艺术性体现在，管理虽然限定在一定的原则和社会情况下，但却可以通过研究探讨找到最佳的方法，达到创造性与美的和谐统一。讲究管理的方式方法，则管理的主客体都得到了认可和愉悦，在一定情况下使各方在各种和谐中，可以取得意想不到的管理效果。

5. 管理的综合性

管理既然存在于人类社会中，必然受到社会制度、各种外界环境因素的综合影响，呈现出处理问题和矛盾时的复杂性、管理手段也不简单的特性。

6. 管理的人本性

管理是处理人与人之间关系的复杂活动，因此管理呈现出必须以人为本，关注人的需求的特点。把关心、尊重和培养人作为管理的出发点和最终目的，才能取得管理的最佳效果。

（四）管理的职能、管理的主体与客体

1. 管理的职能

管理的职能是管理系统所具有的职责和功能。最早提出管理职能理论的是法国管理学家亨利·法约尔，他在 1916 年所写的《一般管理与工业管理》一书中提出，管理就是实行计划、组织、领导、控制和协调，他还将管理活动分为计划、组织、领导、控制和预测等五大管理职能。1937 年，美国管理学家卢瑟·古利克在上述五项职能的基础上，提出了包括计划、组织、人事、指标、协调、报告、预算在内的管理七项职能理论。

需要指出的是，管理职能虽然按照内在逻辑关系可划分为以上几个相对独立的部分，但是管理职能之间却是有关联、不可分割的。进行职能的划分仅仅为了研究的方便，在实际中却不能割裂开来。

计划职能：管理工作必须对未来活动进行预先的谋划，为决策最后做出进行条件研究和计划编制。

组织职能：为实现整个组织的目标，对每个组织成员规定在工作中的分工协作关系，包括设计组织结构、人员配备、组织运行和组织监督。

领导职能：管理者利用组织所赋予的权力去指挥、影响和激励组织内的成员，为实现组织的共同目标而努力工作的过程，包括指挥职能、协调职能和激励职能。

控制职能：指为确保组织内各部门各环节能按预定要求运作实现组织目标的一项管理

工作活动。

协调职能:为确保目标的实施,组织内对各不同功能的部门进行目标统一、动作协调、行动一致的一种管理活动。

2. 管理的主体

管理的主体是行使管理职责的组织或个人,比如政府部门、单位的业务主管部门及其中具体行使管理职能的人员。

3. 管理的客体

管理的客体指管理主体所辖范围内的被管理对象,包括人、物质、资金、科技和信息 5 类,人是基本的管理客体。

二、管理的方法

管理的方法一般包括行政方法、经济方法、法律方法和思想教育方法。

(一)行政方法

管理主体通过命令或不容违抗的方式,对所管辖的对象或下级直接做出指示,被管辖对象听从安排和按要求行事的方法,通常这种方法被政府的行政机关所采用,称为行政方法。

(二)经济方法

这种方法指管理主体通过制定相应的经济措施,鼓励大家完成相应任务取得相应报酬,进而激发管理客体采取有效手段或加快进度,尽快高效率地完成预定目标的方法。

(三)法律方法

为更好地管理相关业务或规范相似的行为,国家或地方政府通过颁布相关法律法规,指引正确的方向,所采取的管理方法,称为法律方法。

(四)思想教育方法

对于无法给予相应奖励的情况,管理主体通过教育管理客体,产生组织的凝聚力,以便目标达成而采用思想上晓之以理、动之以情的方法,即为思想教育方法。

通常在一种管理活动中,可能应用一种或多种管理方法,才能有效地达成管理目标。如在学校的管理中,教师对学生的管理可能采取思想教育的方法,但是学校还会制定相应的管理条例规范学生的行为,可以认为也采用了法律的方法;而为了使教师能够更好地管理学生,上级机关可能采取行政的方法要求老师怎样做,从而规范教师的管理行为。因此,在其中就有三种管理方法参与其间。

任务二　测绘工程管理

一、测绘工程项目和测绘工程项目管理

(一)测绘工程项目

测绘是对地表已有的自然或人工设施的形状、大小、空间位置及相应属性进行测定和表达,或对抽象的内容进行测设,作为施工的依据的工作。测绘工程,测量空间、大地的各种信息并绘制各种地形图。

测绘工程项目在工程建设中举足轻重,往往需要通过招标投标的形式对外发布,符合资

质条件的一定数量的测绘单位可以参与投标,经过评审后获得项目的承接权利,之后可以签订承揽合同,对工程的质量要求、进度及工程款支付方式、违约赔偿责任进行约定。

一个完整的测绘工程项目包括对项目的内容进行规划、设计、协调、监督、实施及检查验收。

(二)测绘工程项目管理

测绘工程项目管理(简称测绘工程管理)从规划到实施及竣工验收整个过程中,都存在管理的内容。管理者或管理机构、组织,通过设计一定的方法、管理手段(如可以制定经济奖惩措施或企业文化教育等),使参与其中的人员、仪器设备及各种物资发挥最大效益,最终使所有的工作保质保量地完成。

作为测绘项目的承接单位,想实现测绘项目的最大效益,必然考虑成本和质量。因此,测绘工程管理要使用运筹学的原理,对此过程中的所有工作进行优化设计,使目标任务完成又实现其中参与的人员、物资用得最少。简而言之,如果能在保证工期的情况下,实现测绘项目的质量和成本协调统一,以最小的成本取得所要求的质量基本要求,将能实现测绘工程管理企业的最终目标。

二、测绘工程管理的主体

(一)测绘工程管理主体的内容

测绘工程项目管理的主体,狭义地讲是指测绘工程项目参与过程中所有的管理人员、管理机构或组织,广义地讲也可以指参与其中所有的管理人员或管理物资的人及其所组成的团队。

管理人员及管理人员组成的团队,通常起到策划管理目标、监督管理参与人员的职能。管理人员可以具体管理测绘人员的工作,指挥、控制测绘人员的具体行动,协调各部门之间工作的先后顺序及调度物资等;管理机构或组织对测绘工作的目标方向进行决策。而管理物资的人员完全只对物资进行控制和协调使用。

(二)测绘管理主体的特性

测绘管理的主体在管理的过程中起到策划目标,组织、引导、监督、控制其管理对象的作用,因此具有主动性、权威性、支配性等特征。而管理人员中因所处职位的不同,又可分为高级管理人员、中级管理人员及初级管理人员等结构,下级需服从上级。在一个部门中,是管理者的人员,到更高一级的管理组织中,管理人员也变成了被管理对象。所以,管理主体和管理客体之间是相对的。

三、测绘工程管理的客体

(一)测绘工程管理客体的内容

测绘工程管理的客体是指测绘工程实施阶段所有被管理的对象,它包括测绘技术人员、测绘辅助人员、测绘仪器或工具及其他物资。

任何一项测绘项目,势必有测绘技术人员参与其间,具体进行测绘工作。另外,测绘人员为了能够进行测绘，必须使用一定的仪器设备及工具。另外，根据测绘项目成果的特点，测绘成果可能是纸质或电子形式，或者是在现场标定的形式，所以电脑、打印机或标定桩等物质也是必备的，这些与测绘项目分不开的人员或物质就构成了测绘项目活动中的管理客体对象。

（二）测绘工程管理客体的特性

根据测绘工程管理客体的内容，我们能够发现，其在管理活动中具有客观存在、不因管理主体的主观意志而转移的特性。测绘工程管理的客体虽然在测绘管理过程中处于被动地位，但却是实施测绘工作的主要完成者，因此在测绘管理工作中具有主观能动性和不容忽视的作用。

测绘工程管理的客体对管理主体的存在起着支撑作用，可以说没有测绘工程管理的客体，就没有测绘工程管理主体的存在价值和作用。只有存在了测绘工程管理的客体，测绘工程管理主体才有施展其管理才能的平台，发挥其管理作用。

测绘工程管理客体的素质、质量越高，测绘工程管理的主体发挥作用的可能性才越大。

四、测绘工程管理的方法

（一）测绘工程管理必须遵纪守法

国家和测绘行业为了规范测绘市场的公平、有序，制定了很多法律法规，相当于用行政手段规范测绘工程项目的管理工作。

这些测绘行业必须遵守的法规有的是对所有行业都适用的，如《中华人民共和国行政许可法》《中华人民共和国民法典》《中华人民共和国标准化法》及企业管理相关法律等；有些法规是专门针对测绘行业制定的，如《中华人民共和国测绘法》《基础测绘条例》《测绘标准化工作管理办法》《测绘资质管理规定》等。

（二）测绘工程管理单位必须建章立制

虽然国家和行业均有法律法规，但是每一个测绘企业或单位也必须有自己的管理规章制度，以便能够符合管理的标准化要求。因此，每个单位可根据自己的地域特征和企业文化，制定相应的规章制度，也可根据具体的项目特征制定相应的奖惩措施，以便调动测绘管理客体的积极性，实现生产过程的高效率。

（三）测绘工程管理注重过程检查

测绘工程管理工作的最终目的是实现测绘工程项目的按期保质保量完成，因此项目的质量和进度达到最优是测绘企业追求的最终目标。因此，在测绘生产过程中，测绘企业的管理主体将督促测绘管理的客体时刻关注生产过程中的检查，确保任务的质量符合项目合同的要求。

（四）测绘工程管理工作离不开教育手段

测绘工程管理工作仅有制度和奖惩有时也无法约束测绘技术人员或辅助人员，这时就要在项目实施之初就进行教育，用实际的案例和教训对测绘过程中参与的人员进行警示教育，使管理的客体具有高度的责任心和自觉性，以便实现管理目标的高效高质量完成。

案例分析与练习题

【案例分析】

某单位承接了一个工程单位 10 km^2 1 个月完成测绘 1∶500 地形图的测量任务。该单位有 GNSS 和全站仪等设备,有能进行测绘工作的技术人员。试分析:如果想将该任务按期保质保量完成,可以组成怎样的组织机构?需要调度多少技术人员,配备多少仪器设备及后勤保障措施才能完成?需要采用哪些管理手段和方法?

【练习题】

1. 管理是什么?有管理和无管理有没有什么区别?

2. 管理的方法,采用怎样的手段可以做到优化管理?

3. 管理的手段或方法有哪些?。

4. 管理的经济手段你怎样理解的?能否设想如果你自己经营一家测绘公司,你将采用怎样的奖罚措施激励先进员工,惩处消极员工?

5. 判断题,管理就是按照设想意愿,组织一些人按照最优化的方法,做好一些事情。(　　)

项目二　测绘工程相关法律法规

测项目二课件

项目概述

本项目主要介绍我国的测绘法律法规体系，通过本项目的学习，学生可以了解我国测绘法律法规体系的构成，增强法律意识，在今后的测绘工作中自觉遵守测绘法律法规，依法测绘。

学习目标

知识目标：明确我国测绘法律法规体系的组成，准确判断测绘活动是否合法。

能力目标：依据测绘法律法规保护测绘工作者的合法权益，保障测绘工作依法开展，保护合法产生的测绘成果，抵制非法测绘。

素质目标：了解测绘法规体系，增强社会责任感，做人民满意的测绘专门人才。

任务一　测绘法律法规概述

我国测绘法律法规体系是一个多层次、全方位的框架，涵盖法律、行政法规、部门规章和地方性法规，为测绘管理提供了依据，为从事测绘活动提供了基本准则。

一、测绘法律

在我国，法律由全国人民代表大会及其常务委员制定。我国现行测绘法律是《中华人民共和国测绘法》（以下简称《测绘法》），是测绘领域的基本法律，也是在我国从事测绘活动和进行测绘管理的基本准则和依据，它起到规范测绘活动，保障地理信息安全，促进测绘成果应用的作用。

现行《测绘法》的最新修订时间是 2017 年 4 月 27 日，由第十二届全国人民代表大会常务委员会第二十七次会议通过，自 2017 年 7 月 1 日起施行。此次修订旨在适应测绘地理信息事业的发展需求，强化国家地理信息安全监管，促进测绘成果共享与应用。

二、行政法规

测绘行政法规是由国务院制定或批准的规范性文件，这些法规细化了《测绘法》的规定，确保测绘活动的规范运行和地理信息安全。其主要内容包括以下几方面。

（一）《中华人民共和国基础测绘条例》

2009 年发布，规范基础测绘的规划、实施、成果管理及更新。

(二)《地图管理条例》

2015 年发布,规范地图编制、审核、出版及互联网地图服务。

(三)《中华人民共和国测绘成果管理条例》

2006 年发布,规范测绘成果管理、使用、保密和共享。

(四)《中华人民共和国测量标志保护条例》

1996 年发布 2011 年修订,明确测量标志的保护责任。

(五)《地理信息安全管理条例》

针对地理信息数据的安全管理,防止数据泄露和滥用。

三、部门规章

部门规章经部门会议或者委员会会议决定,由部门首长签署命令予以公布。比如自然资源部等部门发布的相关规章,如《地理信息数据安全技术要求》,进一步细化地理信息数据的安全管理措施。《测绘资质管理规定》,规范测绘单位的资质管理,确保其具备相应技术能力。《测绘成果质量监督管理办法》,规范测绘成果的质量监督,确保数据准确可靠。《互联网地图服务管理规定》,规范互联网地图服务,确保内容合法、准确。

四、地方性法规

各省、自治区、直辖市根据《测绘法》和行政法规,结合本地实际制定的地方性法规,如《北京市测绘条例》《上海市测绘管理条例》等。

五、技术标准与规范

包括国家标准、行业标准等,如《地理信息数据质量规范》《基础地理信息数据分类与代码》等,确保测绘活动的技术统一和质量控制。

六、总结

我国测绘法律法规体系以《测绘法》为核心,辅以行政法规、部门规章、地方性法规和技术标准,共同规范测绘活动,保障地理信息安全,促进测绘成果的广泛应用。

任务二 《中华人民共和国测绘法》

第一章 总 则

第一条 为了加强测绘管理,促进测绘事业发展,保障测绘事业为经济建设、国防建设、社会发展和生态保护服务,维护国家地理信息安全,制定本法。

第二条 在中华人民共和国领域和中华人民共和国管辖的其他海域从事测绘活动,应当遵守本法。

本法所称测绘,是指对自然地理要素或者地表人工设施的形状、大小、空间位置及其属性等进行测定、采集、表述,以及对获取的数据、信息、成果进行处理和提供的活动。

第三条 测绘事业是经济建设、国防建设、社会发展的基础性事业。各级人民政府应当加强对测绘工作的领导。

第四条 国务院测绘地理信息主管部门负责全国测绘工作的统一监督管理。国务院其他有关部门按照国务院规定的职责分工,负责本部门有关的测绘工作。

县级以上地方人民政府测绘地理信息主管部门负责本行政区域测绘工作的统一监督管理。县级以上地方人民政府其他有关部门按照本级人民政府规定的职责分工,负责本部门有关的测绘工作。

军队测绘部门负责管理军事部门的测绘工作,并按照国务院、中央军事委员会规定的职责分工负责管理海洋基础测绘工作。

第五条 从事测绘活动,应当使用国家规定的测绘基准和测绘系统,执行国家规定的测绘技术规范和标准。

第六条 国家鼓励测绘科学技术的创新和进步,采用先进的技术和设备,提高测绘水平,推动军民融合,促进测绘成果的应用。国家加强测绘科学技术的国际交流与合作。

对在测绘科学技术的创新和进步中做出重要贡献的单位和个人,按照国家有关规定给予奖励。

第七条 各级人民政府和有关部门应当加强对国家版图意识的宣传教育,增强公民的国家版图意识。新闻媒体应当开展国家版图意识的宣传。教育行政部门、学校应当将国家版图意识教育纳入中小学教学内容,加强爱国主义教育。

第八条 外国的组织或者个人在中华人民共和国领域和中华人民共和国管辖的其他海域从事测绘活动,应当经国务院测绘地理信息主管部门会同军队测绘部门批准,并遵守中华人民共和国有关法律、行政法规的规定。

外国的组织或者个人在中华人民共和国领域从事测绘活动,应当与中华人民共和国有关部门或者单位合作进行,并不得涉及国家秘密和危害国家安全。

第二章 测绘基准和测绘系统

第九条 国家设立和采用全国统一的大地基准、高程基准、深度基准和重力基准,其数据由国务院测绘地理信息主管部门审核,并与国务院其他有关部门、军队测绘部门会商后,报国务院批准。

第十条 国家建立全国统一的大地坐标系统、平面坐标系统、高程系统、地心坐标系统和重力测量系统,确定国家大地测量等级和精度以及国家基本比例尺地图的系列和基本精度。具体规范和要求由国务院测绘地理信息主管部门会同国务院其他有关部门、军队测绘部门制定。

第十一条 因建设、城市规划和科学研究的需要,国家重大工程项目和国务院确定的大城市确需建立相对独立的平面坐标系统的,由国务院测绘地理信息主管部门批准;其他确需建立相对独立的平面坐标系统的,由省、自治区、直辖市人民政府测绘地理信息主管部门批准。

建立相对独立的平面坐标系统,应当与国家坐标系统相联系。

第十二条 国务院测绘地理信息主管部门和省、自治区、直辖市人民政府测绘地理信息主管部门应当会同本级人民政府其他有关部门,按照统筹建设、资源共享的原则,建立统一的卫星导航定位基准服务系统,提供导航定位基准信息公共服务。

第十三条 建设卫星导航定位基准站的,建设单位应当按照国家有关规定报国务院测绘地理信息主管部门或者省、自治区、直辖市人民政府测绘地理信息主管部门备案。国务院测绘地理信息主管部门应当汇总全国卫星导航定位基准站建设备案情况,并定期向军队测绘部门通报。

本法所称卫星导航定位基准站,是指对卫星导航信号进行长期连续观测,并通过通信设施将观测数据实时或者定时传送至数据中心的地面固定观测站。

第十四条 卫星导航定位基准站的建设和运行维护应当符合国家标准和要求,不得危害国家安全。

卫星导航定位基准站的建设和运行维护单位应当建立数据安全保障制度,并遵守保密法律、行政法规的规定。

县级以上人民政府测绘地理信息主管部门应当会同本级人民政府其他有关部门,加强对卫星导航定位基准站建设和运行维护的规范和指导。

第三章 基础测绘

第十五条 基础测绘是公益性事业。国家对基础测绘实行分级管理。

本法所称基础测绘,是指建立全国统一的测绘基准和测绘系统,进行基础航空摄影,获取基础地理信息的遥感资料,测制和更新国家基本比例尺地图、影像图和数字化产品,建立、更新基础地理信息系统。

第十六条 国务院测绘地理信息主管部门会同国务院其他有关部门、军队测绘部门组织编制全国基础测绘规划,报国务院批准后组织实施。

县级以上地方人民政府测绘地理信息主管部门会同本级人民政府其他有关部门,根据国家和上一级人民政府的基础测绘规划及本行政区域的实际情况,组织编制本行政区域的基础测绘规划,报本级人民政府批准后组织实施。

第十七条 军队测绘部门负责编制军事测绘规划,按照国务院、中央军事委员会规定的职责分工负责编制海洋基础测绘规划,并组织实施。

第十八条 县级以上人民政府应当将基础测绘纳入本级国民经济和社会发展年度计划,将基础测绘工作所需经费列入本级政府预算。

国务院发展改革部门会同国务院测绘地理信息主管部门,根据全国基础测绘规划编制全国基础测绘年度计划。

县级以上地方人民政府发展改革部门会同本级人民政府测绘地理信息主管部门,根据本行政区域的基础测绘规划编制本行政区域的基础测绘年度计划,并分别报上一级部门备案。

第十九条 基础测绘成果应当定期更新,经济建设、国防建设、社会发展和生态保护急需的基础测绘成果应当及时更新。

基础测绘成果的更新周期根据不同地区国民经济和社会发展的需要确定。

第四章 界线测绘和其他测绘

第二十条 中华人民共和国国界线的测绘,按照中华人民共和国与相邻国家缔结的边界条约或者协定执行,由外交部组织实施。中华人民共和国地图的国界线标准样图,由外交部和国务院测绘地理信息主管部门拟定,报国务院批准后公布。

第二十一条 行政区域界线的测绘,按照国务院有关规定执行。省、自治区、直辖市和自治州、县、自治县、市行政区域界线的标准画法图,由国务院民政部门和国务院测绘地理信息主管部门拟定,报国务院批准后公布。

第二十二条 县级以上人民政府测绘地理信息主管部门应当会同本级人民政府不动产登记主管部门,加强对不动产测绘的管理。

测量土地、建筑物、构筑物和地面其他附着物的权属界址线,应当按照县级以上人民政府确定的权属界线的界址点、界址线或者提供的有关登记资料和附图进行。权属界址线发生变化的,有关当事人应当及时进行变更测绘。

第二十三条 城乡建设领域的工程测量活动,与房屋产权、产籍相关的房屋面积的测量,应当执行由国务院住房城乡建设主管部门、国务院测绘地理信息主管部门组织编制的测量技术规范。

水利、能源、交通、通信、资源开发和其他领域的工程测量活动,应当执行国家有关的工程测量技术规范。

第二十四条 建立地理信息系统,应当采用符合国家标准的基础地理信息数据。

第二十五条 县级以上人民政府测绘地理信息主管部门应当根据突发事件应对工作需要,及时提供地图、基础地理信息数据等测绘成果,做好遥感监测、导航定位等应急测绘保障工作。

第二十六条 县级以上人民政府测绘地理信息主管部门应当会同本级人民政府其他有关部门依法开展地理国情监测,并按照国家有关规定严格管理、规范使用地理国情监测成果。

各级人民政府应当采取有效措施,发挥地理国情监测成果在政府决策、经济社会发展和社会公众服务中的作用。

第五章 测绘资质资格

第二十七条 国家对从事测绘活动的单位实行测绘资质管理制度。

从事测绘活动的单位应当具备下列条件,并依法取得相应等级的测绘资质证书,方可从事测绘活动:

(一)有法人资格;

(二)有与从事的测绘活动相适应的专业技术人员;

(三)有与从事的测绘活动相适应的技术装备和设施;

(四)有健全的技术和质量保证体系、安全保障措施、信息安全保密管理制度以及测绘成果和资料档案管理制度。

第二十八条 国务院测绘地理信息主管部门和省、自治区、直辖市人民政府测绘地理信息主管部门按照各自的职责负责测绘资质审查、发放测绘资质证书。具体办法由国务院测绘地理信息主管部门商国务院其他有关部门规定。

军队测绘部门负责军事测绘单位的测绘资质审查。

第二十九条 测绘单位不得超越资质等级许可的范围从事测绘活动，不得以其他测绘单位的名义从事测绘活动，不得允许其他单位以本单位的名义从事测绘活动。

测绘项目实行招投标的，测绘项目的招标单位应当依法在招标公告或者投标邀请书中对测绘单位资质等级作出要求，不得让不具有相应测绘资质等级的单位中标，不得让测绘单位低于测绘成本中标。

中标的测绘单位不得向他人转让测绘项目。

第三十条 从事测绘活动的专业技术人员应当具备相应的执业资格条件。具体办法由国务院测绘地理信息主管部门会同国务院人力资源社会保障主管部门规定。

第三十一条 测绘人员进行测绘活动时，应当持有测绘作业证件。

任何单位和个人不得阻碍测绘人员依法进行测绘活动。

第三十二条 测绘单位的测绘资质证书、测绘专业技术人员的执业证书和测绘人员的测绘作业证件的式样，由国务院测绘地理信息主管部门统一规定。

第六章 测绘成果

第三十三条 国家实行测绘成果汇交制度。国家依法保护测绘成果的知识产权。

测绘项目完成后，测绘项目出资人或者承担国家投资的测绘项目的单位，应当向国务院测绘地理信息主管部门或者省、自治区、直辖市人民政府测绘地理信息主管部门汇交测绘成果资料。属于基础测绘项目的，应当汇交测绘成果副本；属于非基础测绘项目的，应当汇交测绘成果目录。负责接收测绘成果副本和目录的测绘地理信息主管部门应当出具测绘成果汇交凭证，并及时将测绘成果副本和目录移交给保管单位。测绘成果汇交的具体办法由国务院规定。

国务院测绘地理信息主管部门和省、自治区、直辖市人民政府测绘地理信息主管部门应当及时编制测绘成果目录，并向社会公布。

第三十四条 县级以上人民政府测绘地理信息主管部门应当积极推进公众版测绘成果的加工和编制工作，通过提供公众版测绘成果、保密技术处理等方式，促进测绘成果的社会化应用。

测绘成果保管单位应当采取措施保障测绘成果的完整和安全，并按照国家有关规定向社会公开和提供利用。

测绘成果属于国家秘密的，适用保密法律、行政法规的规定；需要对外提供的，按照国务院和中央军事委员会规定的审批程序执行。

测绘成果的秘密范围和秘密等级，应当依照保密法律、行政法规的规定，按照保障国家秘密安全、促进地理信息共享和应用的原则确定并及时调整、公布。

第三十五条 使用财政资金的测绘项目和涉及测绘的其他使用财政资金的项目，有关部门在批准立项前应当征求本级人民政府测绘地理信息主管部门的意见；有适宜测绘成果的，应当充分利用已有的测绘成果，避免重复测绘。

第三十六条 基础测绘成果和国家投资完成的其他测绘成果，用于政府决策、国防建设和公共服务的，应当无偿提供。

除前款规定情形外，测绘成果依法实行有偿使用制度。但是，各级人民政府及有关部门和军队因防灾减灾、应对突发事件、维护国家安全等公共利益的需要，可以无偿使用。

测绘成果使用的具体办法由国务院规定。

第三十七条 中华人民共和国领域和中华人民共和国管辖的其他海域的位置、高程、深度、面积、长度等重要地理信息数据，由国务院测绘地理信息主管部门审核，并与国务院其他有关部门、军队测绘部门会商后，报国务院批准，由国务院或者国务院授权的部门公布。

第三十八条 地图的编制、出版、展示、登载及更新应当遵守国家有关地图编制标准、地图内容表示、地图审核的规定。

互联网地图服务提供者应当使用经依法审核批准的地图，建立地图数据安全管理制度，采取安全保障措施，加强对互联网地图新增内容的核校，提高服务质量。

县级以上人民政府和测绘地理信息主管部门、网信部门等有关部门应当加强对地图编制、出版、展示、登载和互联网地图服务的监督管理，保证地图质量，维护国家主权、安全和利益。

地图管理的具体办法由国务院规定。

第三十九条 测绘单位应当对完成的测绘成果质量负责。县级以上人民政府测绘地理信息主管部门应当加强对测绘成果质量的监督管理。

第四十条 国家鼓励发展地理信息产业，推动地理信息产业结构调整和优化升级，支持开发各类地理信息产品，提高产品质量，推广使用安全可信的地理信息技术和设备。

县级以上人民政府应当建立健全政府部门间地理信息资源共建共享机制，引导和支持企业提供地理信息社会化服务，促进地理信息广泛应用。

县级以上人民政府测绘地理信息主管部门应当及时获取、处理、更新基础地理信息数据，通过地理信息公共服务平台向社会提供地理信息公共服务，实现地理信息数据开放共享。

第七章 测量标志保护

第四十一条 任何单位和个人不得损毁或者擅自移动永久性测量标志和正在使用中的临时性测量标志，不得侵占永久性测量标志用地，不得在永久性测量标志安全控制范围内从事危害测量标志安全和使用效能的活动。

本法所称永久性测量标志，是指各等级的三角点、基线点、导线点、军用控制点、重力点、天文点、水准点和卫星定位点的觇标和标石标志，以及用于地形测图、工程测量和形变测量的固定标志和海底大地点设施。

第四十二条 永久性测量标志的建设单位应当对永久性测量标志设立明显标记，并委托当地有关单位指派专人负责保管。

第四十三条 进行工程建设，应当避开永久性测量标志；确实无法避开，需要拆迁永久性测量标志或者使永久性测量标志失去使用效能的，应当经省、自治区、直辖市人民政府测绘地理信息主管部门批准；涉及军用控制点的，应当征得军队测绘部门的同意。所需迁建费用由工程建设单位承担。

第四十四条 测绘人员使用永久性测量标志，应当持有测绘作业证件，并保证测量标志的完好。

保管测量标志的人员应当查验测量标志使用后的完好状况。

第四十五条 县级以上人民政府应当采取有效措施加强测量标志的保护工作。

县级以上人民政府测绘地理信息主管部门应当按照规定检查、维护永久性测量标志。

乡级人民政府应当做好本行政区域内的测量标志保护工作。

第八章 监督管理

第四十六条 县级以上人民政府测绘地理信息主管部门应当会同本级人民政府其他有关部门建立地理信息安全管理制度和技术防控体系，并加强对地理信息安全的监督管理。

第四十七条 地理信息生产、保管、利用单位应当对属于国家秘密的地理信息的获取、持有、提供、利用情况进行登记并长期保存，实行可追溯管理。

从事测绘活动涉及获取、持有、提供、利用属于国家秘密的地理信息，应当遵守保密法律、行政法规和国家有关规定。

地理信息生产、利用单位和互联网地图服务提供者收集、使用用户个人信息的，应当遵守法律、行政法规关于个人信息保护的规定。

第四十八条 县级以上人民政府测绘地理信息主管部门应当对测绘单位实行信用管理，并依法将其信用信息予以公示。

第四十九条 县级以上人民政府测绘地理信息主管部门应当建立健全随机抽查机制，依法履行监督检查职责，发现涉嫌违反本法规定行为的，可以依法采取下列措施：

（一）查阅、复制有关合同、票据、账簿、登记台账以及其他有关文件、资料；

（二）查封、扣押与涉嫌违法测绘行为直接相关的设备、工具、原材料、测绘成果资料等。

被检查的单位和个人应当配合，如实提供有关文件、资料，不得隐瞒、拒绝和阻碍。

任何单位和个人对违反本法规定的行为，有权向县级以上人民政府测绘地理信息主管部门举报。接到举报的测绘地理信息主管部门应当及时依法处理。

第九章 法律责任

第五十条 违反本法规定，县级以上人民政府测绘地理信息主管部门或者其他有关部门工作人员利用职务上的便利收受他人财物、其他好处或者玩忽职守，对不符合法定条件的单位核发测绘资质证书，不依法履行监督管理职责，或者发现违法行为不予查处的，对负有责任的领导人员和直接责任人员，依法给予处分；构成犯罪的，依法追究刑事责任。

第五十一条 违反本法规定，外国的组织或者个人未经批准，或者未与中华人民共和国有关部门、单位合作，擅自从事测绘活动的，责令停止违法行为，没收违法所得、测绘成果和测绘工具，并处十万元以上五十万元以下的罚款；情节严重的，并处五十万元以上一百万元以下的罚款，限期出境或者驱逐出境；构成犯罪的，依法追究刑事责任。

第五十二条 违反本法规定，未经批准擅自建立相对独立的平面坐标系统，或者采用不符合国家标准的基础地理信息数据建立地理信息系统的，给予警告，责令改正，可以并处五十万元以下的罚款；对直接负责的主管人员和其他直接责任人员，依法给予处分。

第五十三条 违反本法规定，卫星导航定位基准站建设单位未报备案的，给予警告，责令限期改正；逾期不改正的，处十万元以上三十万元以下的罚款；对直接负责的主管人员和其他直接责任人员,依法给予处分。

第五十四条 违反本法规定,卫星导航定位基准站的建设和运行维护不符合国家标准、要求的,给予警告,责令限期改正,没收违法所得和测绘成果,并处三十万元以上五十万元以下的罚款;逾期不改正的,没收相关设备;对直接负责的主管人员和其他直接责任人员,依法给予处分;构成犯罪的,依法追究刑事责任。

第五十五条 违反本法规定,未取得测绘资质证书,擅自从事测绘活动的,责令停止违法行为,没收违法所得和测绘成果,并处测绘约定报酬一倍以上二倍以下的罚款;情节严重的,没收测绘工具。

以欺骗手段取得测绘资质证书从事测绘活动的,吊销测绘资质证书,没收违法所得和测绘成果,并处测绘约定报酬一倍以上二倍以下的罚款;情节严重的,没收测绘工具。

第五十六条 违反本法规定,测绘单位有下列行为之一的,责令停止违法行为,没收违法所得和测绘成果,处测绘约定报酬一倍以上二倍以下的罚款,并可以责令停业整顿或者降低测绘资质等级;情节严重的,吊销测绘资质证书:

(一)超越资质等级许可的范围从事测绘活动;

(二)以其他测绘单位的名义从事测绘活动;

(三)允许其他单位以本单位的名义从事测绘活动。

第五十七条 违反本法规定,测绘项目的招标单位让不具有相应资质等级的测绘单位中标,或者让测绘单位低于测绘成本中标的,责令改正,可以处测绘约定报酬二倍以下的罚款。招标单位的工作人员利用职务上的便利,索取他人财物,或者非法收受他人财物为他人谋取利益的,依法给予处分;构成犯罪的,依法追究刑事责任。

第五十八条 违反本法规定,中标的测绘单位向他人转让测绘项目的,责令改正,没收违法所得,处测绘约定报酬一倍以上二倍以下的罚款,并可以责令停业整顿或者降低测绘资质等级;情节严重的,吊销测绘资质证书。

第五十九条 违反本法规定,未取得测绘执业资格,擅自从事测绘活动的,责令停止违法行为,没收违法所得和测绘成果,对其所在单位可以处违法所得二倍以下的罚款;情节严重的,没收测绘工具;造成损失的,依法承担赔偿责任。

第六十条 违反本法规定,不汇交测绘成果资料的,责令限期汇交;测绘项目出资人逾期不汇交的,处重测所需费用一倍以上二倍以下的罚款;承担国家投资的测绘项目的单位逾期不汇交的,处五万元以上二十万元以下的罚款,并处暂扣测绘资质证书,自暂扣测绘资质证书之日起六个月内仍不汇交的,吊销测绘资质证书;对直接负责的主管人员和其他直接责任人员,依法给予处分。

第六十一条 违反本法规定,擅自发布中华人民共和国领域和中华人民共和国管辖的其他海域的重要地理信息数据的,给予警告,责令改正,可以并处五十万元以下的罚款;对直接负责的主管人员和其他直接责任人员,依法给予处分;构成犯罪的,依法追究刑事责任。

第六十二条 违反本法规定,编制、出版、展示、登载、更新的地图或者互联网地图服务不符合国家有关地图管理规定的,依法给予行政处罚、处分;构成犯罪的,依法追究刑事责任。

第六十三条 违反本法规定,测绘成果质量不合格的,责令测绘单位补测或者重测;情节严重的,责令停业整顿,并处降低测绘资质等级或者吊销测绘资质证书;造成损失的,依法承担赔偿责任。

第六十四条 违反本法规定,有下列行为之一的,给予警告,责令改正,可以并处二十万元以下的罚款;对直接负责的主管人员和其他直接责任人员,依法给予处分;造成损失的,依法承担赔偿责任;构成犯罪的,依法追究刑事责任:

(一)损毁、擅自移动永久性测量标志或者正在使用中的临时性测量标志;

(二)侵占永久性测量标志用地;

(三)在永久性测量标志安全控制范围内从事危害测量标志安全和使用效能的活动;

(四)擅自拆迁永久性测量标志或者使永久性测量标志失去使用效能,或者拒绝支付迁建费用;

(五)违反操作规程使用永久性测量标志,造成永久性测量标志毁损。

第六十五条 违反本法规定,地理信息生产、保管、利用单位未对属于国家秘密的地理信息的获取、持有、提供、利用情况进行登记、长期保存的,给予警告,责令改正,可以并处二十万元以下的罚款;泄露国家秘密的,责令停业整顿,并处降低测绘资质等级或者吊销测绘资质证书;构成犯罪的,依法追究刑事责任。

违反本法规定,获取、持有、提供、利用属于国家秘密的地理信息的,给予警告,责令停止违法行为,没收违法所得,可以并处违法所得二倍以下的罚款;对直接负责的主管人员和其他直接责任人员,依法给予处分;造成损失的,依法承担赔偿责任;构成犯罪的,依法追究刑事责任。

第六十六条 本法规定的降低测绘资质等级、暂扣测绘资质证书、吊销测绘资质证书的行政处罚,由颁发测绘资质证书的部门决定;其他行政处罚,由县级以上人民政府测绘地理信息主管部门决定。

本法第五十一条规定的限期出境和驱逐出境由公安机关依法决定并执行。

第十章 附 则

第六十七条 军事测绘管理办法由中央军事委员会根据本法规定。

第六十八条 本法自 2017 年 7 月 1 日起施行。

任务三 测绘行业行政法规

一、《地图管理条例》

第一章 总 则

第一条 为了加强地图管理,维护国家主权、安全和利益,促进地理信息产业健康发展,为经济建设、社会发展和人民生活服务,根据《中华人民共和国测绘法》,制定本条例。

第二条 在中华人民共和国境内从事向社会公开的地图的编制、审核、出版和互联网地图服务以及监督检查活动,应当遵守本条例。

第三条 地图工作应当遵循维护国家主权、保障地理信息安全、方便群众生活的原则。

地图的编制、审核、出版和互联网地图服务应当遵守有关保密法律、法规的规定。

第四条 国务院测绘地理信息行政主管部门负责全国地图工作的统一监督管理。国务院其他有关部门按照国务院规定的职责分工,负责有关的地图工作。

县级以上地方人民政府负责管理测绘地理信息工作的行政部门(以下称测绘地理信息行政主管部门)负责本行政区域地图工作的统一监督管理。县级以上地方人民政府其他有关部门按照本级人民政府规定的职责分工,负责有关的地图工作。

第五条 各级人民政府及其有关部门、新闻媒体应当加强国家版图宣传教育,增强公民的国家版图意识。

国家版图意识教育应当纳入中小学教学内容。

公民、法人和其他组织应当使用正确表示国家版图的地图。

第六条 国家鼓励编制和出版符合标准和规定的各类地图产品,支持地理信息科学技术创新和产业发展,加快地理信息产业结构调整和优化升级,促进地理信息深层次应用。

县级以上人民政府应当建立健全政府部门间地理信息资源共建共享机制。

县级以上人民政府测绘地理信息行政主管部门应当采取有效措施,及时获取、处理、更新基础地理信息数据,通过地理信息公共服务平台向社会提供地理信息公共服务,实现地理信息数据开放共享。

第二章 地图编制

第七条 从事地图编制活动的单位应当依法取得相应的测绘资质证书,并在资质等级许可的范围内开展地图编制工作。

第八条 编制地图,应当执行国家有关地图编制标准,遵守国家有关地图内容表示的规定。

地图上不得表示下列内容:

(一)危害国家统一、主权和领土完整的;

(二)危害国家安全、损害国家荣誉和利益的;

(三)属于国家秘密的;

(四)影响民族团结、侵害民族风俗习惯的;

(五)法律、法规规定不得表示的其他内容。

第九条 编制地图,应当选用最新的地图资料并及时补充或者更新,正确反映各要素的地理位置、形态、名称及相互关系,且内容符合地图使用目的。

编制涉及中华人民共和国国界的世界地图、全国地图,应当完整表示中华人民共和国疆域。

第十条 在地图上绘制中华人民共和国国界、中国历史疆界、世界各国间边界、世界各国间历史疆界,应当遵守下列规定:

(一)中华人民共和国国界,按照中国国界线画法标准样图绘制;

(二)中国历史疆界,依据有关历史资料,按照实际历史疆界绘制;

(三)世界各国间边界,按照世界各国国界线画法参考样图绘制;

(四)世界各国间历史疆界,依据有关历史资料,按照实际历史疆界绘制。

中国国界线画法标准样图、世界各国国界线画法参考样图,由外交部和国务院测绘地理信息行政主管部门拟订，报国务院批准后公布。

第十一条　在地图上绘制我国县级以上行政区域界线或者范围，应当符合行政区域界线标准画法图、国务院批准公布的特别行政区行政区域图和国家其他有关规定。

行政区域界线标准画法图由国务院民政部门和国务院测绘地理信息行政主管部门拟订，报国务院批准后公布。

第十二条　在地图上表示重要地理信息数据，应当使用依法公布的重要地理信息数据。

第十三条　利用涉及国家秘密的测绘成果编制地图的，应当依法使用经国务院测绘地理信息行政主管部门或者省、自治区、直辖市人民政府测绘地理信息行政主管部门进行保密技术处理的测绘成果。

第十四条　县级以上人民政府测绘地理信息行政主管部门应当向社会公布公益性地图，供无偿使用。

县级以上人民政府测绘地理信息行政主管部门应当及时组织收集与地图内容相关的行政区划、地名、交通、水系、植被、公共设施、居民点等的变更情况，用于定期更新公益性地图。有关部门和单位应当及时提供相关更新资料。

第三章　地图审核

第十五条　国家实行地图审核制度。

向社会公开的地图，应当报送有审核权的测绘地理信息行政主管部门审核。但是，景区图、街区图、地铁线路图等内容简单的地图除外。

地图审核不得收取费用。

第十六条　出版地图的，由出版单位送审；展示或者登载不属于出版物的地图的，由展示者或者登载者送审；进口不属于出版物的地图或者附着地图图形的产品的，由进口者送审；进口属于出版物的地图，依照《出版管理条例》的有关规定执行；出口不属于出版物的地图或者附着地图图形的产品的，由出口者送审；生产附着地图图形的产品的，由生产者送审。

送审应当提交以下材料：

（一）地图审核申请表；

（二）需要审核的地图样图或者样品；

（三）地图编制单位的测绘资质证书。

进口不属于出版物的地图和附着地图图形的产品的，仅需提交前款第一项、第二项规定的材料。利用涉及国家秘密的测绘成果编制地图的，还应当提交保密技术处理证明。

第十七条　国务院测绘地理信息行政主管部门负责下列地图的审核：

（一）全国地图以及主要表现地为两个以上省、自治区、直辖市行政区域的地图；

（二）香港特别行政区地图、澳门特别行政区地图以及台湾地区地图；

（三）世界地图以及主要表现地为国外的地图；

（四）历史地图。

第十八条　省、自治区、直辖市人民政府测绘地理信息行政主管部门负责审核主要表现地在本行政区域范围内的地图。其中，主要表现地在设区的市行政区域范围内不涉及国界线的地图，由设区的市级人民政府测绘地理信息行政主管部门负责审核。

第十九条　有审核权的测绘地理信息行政主管部门应当自受理地图审核申请之日起

20个工作日内，作出审核决定。

时事宣传地图、时效性要求较高的图书和报刊等插附地图的，应当自受理地图审核申请之日起7个工作日内，作出审核决定。

应急保障等特殊情况需要使用地图的，应当即送即审。

第二十条 涉及专业内容的地图，应当依照国务院测绘地理信息行政主管部门会同有关部门制定的审核依据进行审核。没有明确审核依据的，由有审核权的测绘地理信息行政主管部门征求有关部门的意见，有关部门应当自收到征求意见材料之日起20个工作日内提出意见。征求意见时间不计算在地图审核的期限内。

世界地图、历史地图、时事宣传地图没有明确审核依据的，由国务院测绘地理信息行政主管部门商外交部进行审核。

第二十一条 送审地图符合下列规定的，由有审核权的测绘地理信息行政主管部门核发地图审核批准文件，并注明审图号：

（一）符合国家有关地图编制标准，完整表示中华人民共和国疆域；

（二）国界、边界、历史疆界、行政区域界线或者范围、重要地理信息数据、地名等符合国家有关地图内容表示的规定；

（三）不含有地图上不得表示的内容。

地图审核批准文件和审图号应当在有审核权的测绘地理信息行政主管部门网站或者其他新闻媒体上及时公告。

第二十二条 经审核批准的地图，应当在地图或者附着地图图形的产品的适当位置显著标注审图号。其中，属于出版物的，应当在版权页标注审图号。

第二十三条 全国性中小学教学地图，由国务院教育行政部门会同国务院测绘地理信息行政主管部门、外交部组织审定；地方性中小学教学地图，由省、自治区、直辖市人民政府教育行政部门会同省、自治区、直辖市人民政府测绘地理信息行政主管部门组织审定。

第二十四条 任何单位和个人不得出版、展示、登载、销售、进口、出口不符合国家有关标准和规定的地图，不得携带、寄递不符合国家有关标准和规定的地图进出境。

进口、出口地图的，应当向海关提交地图审核批准文件和审图号。

第二十五条 经审核批准的地图，送审者应当按照有关规定向有审核权的测绘地理信息行政主管部门免费送交样本。

第四章 地图出版

第二十六条 县级以上人民政府出版行政主管部门应当加强对地图出版活动的监督管理，依法对地图出版违法行为进行查处。

第二十七条 出版单位从事地图出版活动的，应当具有国务院出版行政主管部门审核批准的地图出版业务范围，并依照《出版管理条例》的有关规定办理审批手续。

第二十八条 出版单位根据需要，可以在出版物中插附经审核批准的地图。

第二十九条 任何出版单位不得出版未经审定的中小学教学地图。

第三十条 出版单位出版地图，应当按照国家有关规定向国家图书馆、中国版本图书馆和国务院出版行政主管部门免费送交样本。

第三十一条 地图著作权的保护，依照有关著作权法律、法规的规定执行。

第五章　互联网地图服务

第三十二条　国家鼓励和支持互联网地图服务单位开展地理信息开发利用和增值服务。

县级以上人民政府应当加强对互联网地图服务行业的政策扶持和监督管理。

第三十三条　互联网地图服务单位向公众提供地理位置定位、地理信息上传标注和地图数据库开发等服务的,应当依法取得相应的测绘资质证书。

互联网地图服务单位从事互联网地图出版活动的,应当经国务院出版行政主管部门依法审核批准。

第三十四条　互联网地图服务单位应当将存放地图数据的服务器设在中华人民共和国境内,并制定互联网地图数据安全管理制度和保障措施。

县级以上人民政府测绘地理信息行政主管部门应当会同有关部门加强对互联网地图数据安全的监督管理。

第三十五条　互联网地图服务单位收集、使用用户个人信息的,应当明示收集、使用信息的目的、方式和范围,并经用户同意。

互联网地图服务单位需要收集、使用用户个人信息的,应当公开收集、使用规则,不得泄露、篡改、出售或者非法向他人提供用户的个人信息。

互联网地图服务单位应当采取技术措施和其他必要措施,防止用户的个人信息泄露、丢失。

第三十六条　互联网地图服务单位用于提供服务的地图数据库及其他数据库不得存储、记录含有按照国家有关规定在地图上不得表示的内容。互联网地图服务单位发现其网站传输的地图信息含有不得表示的内容的,应当立即停止传输,保存有关记录,并向县级以上人民政府测绘地理信息行政主管部门、出版行政主管部门、网络安全和信息化主管部门等有关部门报告。

第三十七条　任何单位和个人不得通过互联网上传标注含有按照国家有关规定在地图上不得表示的内容。

第三十八条　互联网地图服务单位应当使用经依法审核批准的地图,加强对互联网地图新增内容的核查校对,并按照国家有关规定向国务院测绘地理信息行政主管部门或者省、自治区、直辖市测绘地理信息行政主管部门备案。

第三十九条　互联网地图服务单位对在工作中获取的涉及国家秘密、商业秘密的信息,应当保密。

第四十条　互联网地图服务单位应当加强行业自律,推进行业信用体系建设,提高服务水平。

第四十一条　从事互联网地图服务活动,适用本章的规定;本章没有规定的,适用本条例其他有关规定。

第六章　监督检查

第四十二条　县级以上人民政府及其有关部门应当依法加强对地图编制、出版、展示、登载、生产、销售、进口、出口等活动的监督检查。

第四十三条 县级以上人民政府测绘地理信息行政主管部门、出版行政主管部门和其他有关部门依法进行监督检查时，有权采取下列措施：

（一）进入涉嫌地图违法行为的场所实施现场检查；

（二）查阅、复制有关合同、票据、账簿等资料；

（三）查封、扣押涉嫌违法的地图、附着地图图形的产品以及用于实施地图违法行为的设备、工具、原材料等。

第四十四条 国务院测绘地理信息行政主管部门、国务院出版行政主管部门应当建立健全地图监督管理信息系统，实现信息资源共享，方便公众查询。

第四十五条 县级以上人民政府测绘地理信息行政主管部门应当根据国家有关标准和技术规范，加强地图质量监督管理。

地图编制、出版、展示、登载、生产、销售、进口、出口单位应当建立健全地图质量责任制度，采取有效措施，保证地图质量。

第四十六条 任何单位和个人对地图违法行为有权进行举报。

接到举报的人民政府或者有关部门应当及时依法调查处理，并为举报人保密。

第七章 法律责任

第四十七条 县级以上人民政府及其有关部门违反本条例规定，有下列行为之一的，由主管机关或者监察机关责令改正；情节严重的，对直接负责的主管人员和其他直接责任人员依法给予处分；直接负责的主管人员和其他直接责任人员的行为构成犯罪的，依法追究刑事责任：

（一）不依法作出行政许可决定或者办理批准文件的；

（二）发现违法行为或者接到对违法行为的举报不予查处的；

（三）其他未依照本条例规定履行职责的行为。

第四十八条 违反本条例规定，未取得测绘资质证书或者超越测绘资质等级许可的范围从事地图编制活动或者互联网地图服务活动的，依照《中华人民共和国测绘法》的有关规定进行处罚。

第四十九条 违反本条例规定，应当送审而未送审的，责令改正，给予警告，没收违法地图或者附着地图图形的产品，可以处10万元以下的罚款；有违法所得的，没收违法所得；构成犯罪的，依法追究刑事责任。

第五十条 违反本条例规定，不需要送审的地图不符合国家有关标准和规定的，责令改正，给予警告，没收违法地图或者附着地图图形的产品，可以处10万元以下的罚款；有违法所得的，没收违法所得；情节严重的，可以向社会通报；构成犯罪的，依法追究刑事责任。

第五十一条 违反本条例规定，经审核不符合国家有关标准和规定的地图未按照审核要求修改即向社会公开的，责令改正，给予警告，没收违法地图或者附着地图图形的产品，可以处10万元以下的罚款；有违法所得的，没收违法所得；情节严重的，责令停业整顿，降低资质等级或者吊销测绘资质证书，可以向社会通报；构成犯罪的，依法追究刑事责任。

第五十二条 违反本条例规定，弄虚作假、伪造申请材料骗取地图审核批准文件，或者伪造、冒用地图审核批准文件和审图号的，责令停止违法行为，给予警告，没收违法地图和附着地图图形的产品，并处10万元以上20万元以下的罚款；有违法所得的，没收违法所得；情节严重的，责令停业整顿，降低资质等级或者吊销测绘资质证书；构成犯罪的，依法追究刑事责任。

第五十三条 违反本条例规定，未在地图的适当位置显著标注审图号，或者未按照有关规定送交样本的，责令改正，给予警告；情节严重的，责令停业整顿，降低资质等级或者吊销测绘资质证书。

第五十四条 违反本条例规定，互联网地图服务单位使用未经依法审核批准的地图提供服务，或者未对互联网地图新增内容进行核查校对的，责令改正，给予警告，可以处20万元以下的罚款；有违法所得的，没收违法所得；情节严重的，责令停业整顿，降低资质等级或者吊销测绘资质证书；构成犯罪的，依法追究刑事责任。

第五十五条 违反本条例规定，通过互联网上传标注了含有按照国家有关规定在地图上不得表示的内容的，责令改正，给予警告，可以处10万元以下的罚款；构成犯罪的，依法追究刑事责任。

第五十六条 本条例规定的降低资质等级、吊销测绘资质证书的行政处罚，由颁发资质证书的部门决定；其他行政处罚由县级以上人民政府测绘地理信息行政主管部门决定。

第八章 附则

第五十七条 军队单位编制的地图的管理以及海图的管理，按照国务院、中央军事委员会的规定执行。

第五十八条 本条例自2016年1月1日起施行。国务院1995年7月10日发布的《中华人民共和国地图编制出版管理条例》同时废止。

二、《中华人民共和国测绘成果管理条例》

第一章 总 则

第一条 为了加强对测绘成果的管理，维护国家安全，促进测绘成果的利用，满足经济建设、国防建设和社会发展的需要，根据《中华人民共和国测绘法》，制定本条例。

第二条 测绘成果的汇交、保管、利用和重要地理信息数据的审核与公布，适用本条例。

本条例所称测绘成果，是指通过测绘形成的数据、信息、图件以及相关的技术资料。测绘成果分为基础测绘成果和非基础测绘成果。

第三条 国务院测绘行政主管部门负责全国测绘成果工作的统一监督管理。国务院其他有关部门按照职责分工，负责本部门有关的测绘成果工作。

县级以上地方人民政府负责管理测绘工作的部门（以下称测绘行政主管部门）负责本行政区域测绘成果工作的统一监督管理。县级以上地方人民政府其他有关部门按照职责分工，负责本部门有关的测绘成果工作。

第四条 汇交、保管、公布、利用、销毁测绘成果应当遵守有关保密法律、法规的规定，采取必要的保密措施，保障测绘成果的安全。

第五条 对在测绘成果管理工作中作出突出贡献的单位和个人，由有关人民政府或者部门给予表彰和奖励。

第二章 汇交与保管

第六条 中央财政投资完成的测绘项目,由承担测绘项目的单位向国务院测绘行政主管部门汇交测绘成果资料;地方财政投资完成的测绘项目,由承担测绘项目的单位向测绘项目所在地的省、自治区、直辖市人民政府测绘行政主管部门汇交测绘成果资料;使用其他资金完成的测绘项目,由测绘项目出资人向测绘项目所在地的省、自治区、直辖市人民政府测绘行政主管部门汇交测绘成果资料。

第七条 测绘成果属于基础测绘成果的,应当汇交副本;属于非基础测绘成果的,应当汇交目录。测绘成果的副本和目录实行无偿汇交。

下列测绘成果为基础测绘成果:

(一)为建立全国统一的测绘基准和测绘系统进行的天文测量、三角测量、水准测量、卫星大地测量、重力测量所获取的数据、图件;

(二)基础航空摄影所获取的数据、影像资料;

(三)遥感卫星和其他航天飞行器对地观测所获取的基础地理信息遥感资料;

(四)国家基本比例尺地图、影像图及其数字化产品;

(五)基础地理信息系统的数据、信息等。

第八条 外国的组织或者个人依法与中华人民共和国有关部门或者单位合资、合作,经批准在中华人民共和国领域内从事测绘活动的,测绘成果归中方部门或者单位所有,并由中方部门或者单位向国务院测绘行政主管部门汇交测绘成果副本。

外国的组织或者个人依法在中华人民共和国管辖的其他海域从事测绘活动的,由其按照国务院测绘行政主管部门的规定汇交测绘成果副本或者目录。

第九条 测绘项目出资人或者承担国家投资的测绘项目的单位应当自测绘项目验收完成之日起3个月内,向测绘行政主管部门汇交测绘成果副本或者目录。测绘行政主管部门应当在收到汇交的测绘成果副本或者目录后,出具汇交凭证。

汇交测绘成果资料的范围由国务院测绘行政主管部门商国务院有关部门制定并公布。

第十条 测绘行政主管部门自收到汇交的测绘成果副本或者目录之日起10个工作日内,应当将其移交给测绘成果保管单位。

国务院测绘行政主管部门和省、自治区、直辖市人民政府测绘行政主管部门应当定期编制测绘成果资料目录,向社会公布。

第十一条 测绘成果保管单位应当建立健全测绘成果资料的保管制度,配备必要的设施,确保测绘成果资料的安全,并对基础测绘成果资料实行异地备份存放制度。

测绘成果资料的存放设施与条件,应当符合国家保密、消防及档案管理的有关规定和要求。

第十二条 测绘成果保管单位应当按照规定保管测绘成果资料,不得损毁、散失、转让。

第十三条 测绘项目的出资人或者承担测绘项目的单位,应当采取必要的措施,确保其获取的测绘成果的安全。

第三章 利 用

第十四条 县级以上人民政府测绘行政主管部门应当积极推进公众版测绘成果的加工

和编制工作，并鼓励公众版测绘成果的开发利用，促进测绘成果的社会化应用。

第十五条 使用财政资金的测绘项目和使用财政资金的建设工程测绘项目，有关部门在批准立项前应当书面征求本级人民政府测绘行政主管部门的意见。测绘行政主管部门应当自收到征求意见材料之日起10日内，向征求意见的部门反馈意见。有适宜测绘成果的，应当充分利用已有的测绘成果，避免重复测绘。

第十六条 国家保密工作部门、国务院测绘行政主管部门应当商军队测绘主管部门，依照有关保密法律、行政法规的规定，确定测绘成果的秘密范围和秘密等级。

利用涉及国家秘密的测绘成果开发生产的产品，未经国务院测绘行政主管部门或者省、自治区、直辖市人民政府测绘行政主管部门进行保密技术处理的，其秘密等级不得低于所用测绘成果的秘密等级。

第十七条 法人或者其他组织需要利用属于国家秘密的基础测绘成果的，应当提出明确的利用目的和范围，报测绘成果所在地的测绘行政主管部门审批。

测绘行政主管部门审查同意的，应当以书面形式告知测绘成果的秘密等级、保密要求以及相关著作权保护要求。

第十八条 对外提供属于国家秘密的测绘成果，应当按照国务院和中央军事委员会规定的审批程序，报国务院测绘行政主管部门或者省、自治区、直辖市人民政府测绘行政主管部门审批；测绘行政主管部门在审批前，应当征求军队有关部门的意见。

第十九条 基础测绘成果和财政投资完成的其他测绘成果，用于国家机关决策和社会公益性事业的，应当无偿提供。

除前款规定外，测绘成果依法实行有偿使用制度。但是，各级人民政府及其有关部门和军队因防灾、减灾、国防建设等公共利益的需要，可以无偿使用测绘成果。

依法有偿使用测绘成果的，使用人与测绘项目出资人应当签订书面协议，明确双方的权利和义务。

第二十条 测绘成果涉及著作权保护和管理的，依照有关法律、行政法规的规定执行。

第二十一条 建立以地理信息数据为基础的信息系统，应当利用符合国家标准的基础地理信息数据。

第四章 重要地理信息数据的审核与公布

第二十二条 国家对重要地理信息数据实行统一审核与公布制度。

任何单位和个人不得擅自公布重要地理信息数据。

第二十三条 重要地理信息数据包括：

（一）国界、国家海岸线长度；

（二）领土、领海、毗连区、专属经济区面积；

（三）国家海岸滩涂面积、岛礁数量和面积；

（四）国家版图的重要特征点，地势、地貌分区位置；

（五）国务院测绘行政主管部门商国务院其他有关部门确定的其他重要自然和人文地理实体的位置、高程、深度、面积、长度等地理信息数据。

第二十四条 提出公布重要地理信息数据建议的单位或者个人，应当向国务院测绘行政主管部门或者省、自治区、直辖市人民政府测绘行政主管部门报送建议材料。

对需要公布的重要地理信息数据，国务院测绘行政主管部门应当提出审核意见，并与国务院其他有关部门、军队测绘主管部门会商后，报国务院批准。具体办法由国务院测绘行政主管部门制定。

第二十五条 国务院批准公布的重要地理信息数据，由国务院或者国务院授权的部门以公告形式公布。

在行政管理、新闻传播、对外交流、教学等对社会公众有影响的活动中，需要使用重要地理信息数据的，应当使用依法公布的重要地理信息数据。

第五章 法律责任

第二十六条 违反本条例规定，县级以上人民政府测绘行政主管部门有下列行为之一的，由本级人民政府或者上级人民政府测绘行政主管部门责令改正，通报批评；对直接负责的主管人员和其他直接责任人员，依法给予处分：

(一) 接收汇交的测绘成果副本或者目录，未依法出具汇交凭证的；

(二) 未及时向测绘成果保管单位移交测绘成果资料的；

(三) 未依法编制和公布测绘成果资料目录的；

(四) 发现违法行为或者接到对违法行为的举报后，不及时进行处理的；

(五) 不依法履行监督管理职责的其他行为。

第二十七条 违反本条例规定，未汇交测绘成果资料的，依照《中华人民共和国测绘法》第四十七条的规定进行处罚。

第二十八条 违反本条例规定，测绘成果保管单位有下列行为之一的，由测绘行政主管部门给予警告，责令改正；有违法所得的，没收违法所得；造成损失的，依法承担赔偿责任；对直接负责的主管人员和其他直接责任人员，依法给予处分：

(一) 未按照测绘成果资料的保管制度管理测绘成果资料，造成测绘成果资料损毁、散失的；

(二) 擅自转让汇交的测绘成果资料的；

(三) 未依法向测绘成果的使用人提供测绘成果资料的。

第二十九条 违反本条例规定，有下列行为之一的，由测绘行政主管部门或者其他有关部门依据职责责令改正，给予警告，可以处 10 万元以下的罚款；对直接负责的主管人员和其他直接责任人员，依法给予处分：

(一) 建立以地理信息数据为基础的信息系统，利用不符合国家标准的基础地理信息数据的；

(二) 擅自公布重要地理信息数据的；

(三) 在对社会公众有影响的活动中使用未经依法公布的重要地理信息数据的。

第六章 附 则

第三十条 法律、行政法规对编制出版地图的管理另有规定的，从其规定。

第三十一条 军事测绘成果的管理，按照中央军事委员会的有关规定执行。

第三十二条 本条例自 2006 年 9 月 1 日起施行。1989 年 3 月 21 日国务院发布的《中华人民共和国测绘成果管理规定》同时废止。

三、《中华人民共和国测量标志保护条例》

（1996年9月4日中华人民共和国国务院令第203号发布　根据2011年1月8日《国务院关于废止和修改部分行政法规的决定》修订）

第一条　为了加强测量标志的保护和管理，根据《中华人民共和国测绘法》，制定本条例。

第二条　本条例适用于在中华人民共和国领域内和中华人民共和国管辖的其他海域设置的测量标志。

第三条　测量标志属于国家所有，是国家经济建设和科学研究的基础设施。

第四条　本条例所称测量标志，是指：

（一）建设在地上、地下或者建筑物上的各种等级的三角点、基线点、导线点、军用控制点、重力点、天文点、水准点的木质觇标、钢质觇标和标石标志，全球卫星定位控制点，以及用于地形测图、工程测量和形变测量的固定标志和海底大地点设施等永久性测量标志；

（二）测量中正在使用的临时性测量标志。

第五条　国务院测绘行政主管部门主管全国的测量标志保护工作。国务院其他有关部门按照国务院规定的职责分工，负责管理本部门专用的测量标志保护工作。

县级以上地方人民政府管理测绘工作的部门负责本行政区域内的测量标志保护工作。

军队测绘主管部门负责管理军事部门测量标志保护工作，并按照国务院、中央军事委员会规定的职责分工负责管理海洋基础测量标志保护工作。

第六条　县级以上人民政府应当加强对测量标志保护工作的领导，增强公民依法保护测量标志的意识。

乡级人民政府应当做好本行政区域内的测量标志保护管理工作。

第七条　对在保护永久性测量标志工作中做出显著成绩的单位和个人，给予奖励。

第八条　建设永久性测量标志，应当符合下列要求：

（一）使用国家规定的测绘基准和测绘标准；

（二）选择有利于测量标志长期保护和管理的点位；

（三）符合法律、法规规定的其他要求。

第九条　设置永久性测量标志的，应当对永久性测量标志设立明显标记；设置基础性测量标志的，还应当设立由国务院测绘行政主管部门统一监制的专门标牌。

第十条　建设永久性测量标志需要占用土地的，地面标志占用土地的范围为36平方米-100平方米，地下标志占用土地的范围为16平方米-36平方米。

第十一条　设置永久性测量标志，需要依法使用土地或者在建筑物上建设永久性测量标志的，有关单位和个人不得干扰和阻挠。

第十二条　国家对测量标志实行义务保管制度。

设置永久性测量标志的部门应当将永久性测量标志委托测量标志设置地的有关单位或者人员负责保管，签订测量标志委托保管书，明确委托方和被委托方的权利和义务，并由委托方将委托保管书抄送乡级人民政府和县级以上地方人民政府管理测绘工作的部门备案。

第十三条　负责保管测量标志的单位和人员，应当对其所保管的测量标志经常进行检查；发现测量标志有被移动或者损毁的情况时，应当及时报告当地乡级人民政府，并由乡级人民政府报告县级以上地方人民政府管理测绘工作的部门。

第十四条 负责保管测量标志的单位和人员有权制止、检举和控告移动、损毁、盗窃测量标志的行为,任何单位或者个人不得阻止和打击报复。

第十五条 国家对测量标志实行有偿使用;但是,使用测量标志从事军事测绘任务的除外。测量标志有偿使用的收入应当用于测量标志的维护、维修,不得挪作他用。具体办法由国务院测绘行政主管部门会同国务院物价行政主管部门规定。

第十六条 测绘人员使用永久性测量标志,应当持有测绘工作证件,并接受县级以上人民政府管理测绘工作的部门的监督和负责保管测量标志的单位和人员的查询,确保测量标志完好。

第十七条 测量标志保护工作应当执行维修规划和计划。

全国测量标志维修规划,由国务院测绘行政主管部门会同国务院其他有关部门制定。

省、自治区、直辖市人民政府管理测绘工作的部门应当组织同级有关部门,根据全国测量标志维修规划,制定本行政区域内的测量标志维修计划,并组织协调有关部门和单位统一实施。

第十八条 设置永久性测量标志的部门应当按照国家有关的测量标志维修规程,对永久性测量标志定期组织维修,保证测量标志正常使用。

第十九条 进行工程建设,应当避开永久性测量标志;确实无法避开,需要拆迁永久性测量标志或者使永久性测量标志失去使用效能的,工程建设单位应当履行下列批准手续:

(一)拆迁基础性测量标志或者使基础性测量标志失去使用效能的,由国务院测绘行政主管部门或者省、自治区、直辖市人民政府管理测绘工作的部门批准;

(二)拆迁部门专用的永久性测量标志或者使部门专用的永久性测量标志失去使用效能的,应当经设置测量标志的部门同意,并经省、自治区、直辖市人民政府管理测绘工作的部门批准。

拆迁永久性测量标志,还应当通知负责保管测量标志的有关单位和人员。

第二十条 经批准拆迁基础性测量标志或者使基础性测量标志失去使用效能的,工程建设单位应当按照国家有关规定向省、自治区、直辖市人民政府管理测绘工作的部门支付迁建费用。

经批准拆迁部门专用的测量标志或者使部门专用的测量标志失去使用效能的,工程建设单位应当按照国家有关规定向设置测量标志的部门支付迁建费用;设置部门专用的测量标志的部门查找不到的,工程建设单位应当按照国家有关规定向省、自治区、直辖市人民政府管理测绘工作的部门支付迁建费用。

第二十一条 永久性测量标志的重建工作,由收取测量标志迁建费用的部门组织实施。

第二十二条 测量标志受国家保护,禁止下列有损测量标志安全和使测量标志失去使用效能的行为:

(一)损毁或者擅自移动地下或者地上的永久性测量标志以及使用中的临时性测量标志的;

(二)在测量标志占地范围内烧荒、耕作、取土、挖沙或者侵占永久性测量标志用地的;

(三)在距永久性测量标志50米范围内采石、爆破、射击、架设高压电线的;

(四)在测量标志的占地范围内,建设影响测量标志使用效能的建筑物的;

(五)在测量标志上架设通讯设施、设置观望台、搭帐篷、拴牲畜或者设置其他有可能损毁测量标志的附着物的；

(六)擅自拆除设有测量标志的建筑物或者拆除建筑物上的测量标志的；

(七)其他有损测量标志安全和使用效能的。

第二十三条 有本条例第二十二条禁止的行为之一，或者有下列行为之一的，由县级以上人民政府管理测绘工作的部门责令限期改正，给予警告，并可以根据情节处以5万元以下的罚款；对负有直接责任的主管人员和其他直接责任人员，依法给予行政处分；造成损失的，应当依法承担赔偿责任：

(一)干扰或者阻挠测量标志建设单位依法使用土地或者在建筑物上建设永久性测量标志的；

(二)工程建设单位未经批准擅自拆迁永久性测量标志或者使永久性测量标志失去使用效能的，或者拒绝按照国家有关规定支付迁建费用的；

(三)违反测绘操作规程进行测绘，使永久性测量标志受到损坏的；

(四)无证使用永久性测量标志并且拒绝县级以上人民政府管理测绘工作的部门监督和负责保管测量标志的单位和人员查询的。

第二十四条 管理测绘工作的部门的工作人员玩忽职守、滥用职权、徇私舞弊的，依法给予行政处分。

第二十五条 违反本条例规定，应当给予治安管理处罚的，依照治安管理处罚法的有关规定给予处罚；构成犯罪的，依法追究刑事责任。

第二十六条 本条例自1997年1月1日起施行。1984年1月7日国务院发布的《测量标志保护条例》同时废止。

四、《基础测绘条例》

第一章 总 则

第一条 为了加强基础测绘管理，规范基础测绘活动，保障基础测绘事业为国家经济建设、国防建设和社会发展服务，根据《中华人民共和国测绘法》，制定本条例。

第二条 在中华人民共和国领域和中华人民共和国管辖的其他海域从事基础测绘活动，适用本条例。

本条例所称基础测绘，是指建立全国统一的测绘基准和测绘系统，进行基础航空摄影，获取基础地理信息的遥感资料，测制和更新国家基本比例尺地图、影像图和数字化产品，建立、更新基础地理信息系统。

在中华人民共和国领海、中华人民共和国领海基线向陆地一侧至海岸线的海域和中华人民共和国管辖的其他海域从事海洋基础测绘活动，按照国务院、中央军事委员会的有关规定执行。

第三条 基础测绘是公益性事业。

县级以上人民政府应当加强对基础测绘工作的领导，将基础测绘纳入本级国民经济和社会发展规划及年度计划，所需经费列入本级财政预算。

国家对边远地区和少数民族地区的基础测绘给予财政支持。具体办法由财政部门会同同级测绘行政主管部门制定。

第四条 基础测绘工作应当遵循统筹规划、分级管理、定期更新、保障安全的原则。

第五条 国务院测绘行政主管部门负责全国基础测绘工作的统一监督管理。

县级以上地方人民政府负责管理测绘工作的行政部门(以下简称测绘行政主管部门)负责本行政区域基础测绘工作的统一监督管理。

第六条 国家鼓励在基础测绘活动中采用先进科学技术和先进设备,加强基础研究和信息化测绘体系建设,建立统一的基础地理信息公共服务平台,实现基础地理信息资源共享,提高基础测绘保障服务能力。

第二章 基础测绘规划

第七条 国务院测绘行政主管部门会同国务院其他有关部门、军队测绘主管部门,组织编制全国基础测绘规划,报国务院批准后组织实施。

县级以上地方人民政府测绘行政主管部门会同本级人民政府其他有关部门,根据国家和上一级人民政府的基础测绘规划和本行政区域的实际情况,组织编制本行政区域的基础测绘规划,报本级人民政府批准,并报上一级测绘行政主管部门备案后组织实施。

第八条 基础测绘规划报送审批前,组织编制机关应当组织专家进行论证,并征求有关部门和单位的意见。其中,地方的基础测绘规划,涉及军事禁区、军事管理区或者作战工程的,还应当征求军事机关的意见。

基础测绘规划报送审批文件中应当附具意见采纳情况及理由。

第九条 组织编制机关应当依法公布经批准的基础测绘规划。

经批准的基础测绘规划是开展基础测绘工作的依据,未经法定程序不得修改;确需修改的,应当按照本条例规定的原审批程序报送审批。

第十条 国务院发展改革部门会同国务院测绘行政主管部门,编制全国基础测绘年度计划。

县级以上地方人民政府发展改革部门会同同级测绘行政主管部门,编制本行政区域的基础测绘年度计划,并分别报上一级主管部门备案。

第十一条 县级以上人民政府测绘行政主管部门应当根据应对自然灾害等突发事件的需要,制定相应的基础测绘应急保障预案。

基础测绘应急保障预案的内容应当包括:应急保障组织体系,应急装备和器材配备,应急响应,基础地理信息数据的应急测制和更新等应急保障措施。

第三章 基础测绘项目的组织实施

第十二条 下列基础测绘项目,由国务院测绘行政主管部门组织实施:

(一)建立全国统一的测绘基准和测绘系统;

(二)建立和更新国家基础地理信息系统;

(三)组织实施国家基础航空摄影;

(四)获取国家基础地理信息遥感资料;

(五)测制和更新全国 1∶100 万至 1∶2.5 万国家基本比例尺地图、影像图和数字化产品;

（六）国家急需的其他基础测绘项目。

第十三条 下列基础测绘项目，由省、自治区、直辖市人民政府测绘行政主管部门组织实施：

（一）建立本行政区域内与国家测绘系统相统一的大地控制网和高程控制网；

（二）建立和更新地方基础地理信息系统；

（三）组织实施地方基础航空摄影；

（四）获取地方基础地理信息遥感资料；

（五）测制和更新本行政区域 1∶1 万至 1∶5 000 国家基本比例尺地图、影像图和数字化产品。

第十四条 设区的市、县级人民政府依法组织实施 1∶2 000 至 1∶500 比例尺地图、影像图和数字化产品的测制和更新以及地方性法规、地方政府规章确定由其组织实施的基础测绘项目。

第十五条 组织实施基础测绘项目，应当依据基础测绘规划和基础测绘年度计划，依法确定基础测绘项目承担单位。

第十六条 基础测绘项目承担单位应当具有与所承担的基础测绘项目相应等级的测绘资质，并不得超越其资质等级许可的范围从事基础测绘活动。

基础测绘项目承担单位应当具备健全的保密制度和完善的保密设施，严格执行有关保守国家秘密法律、法规的规定。

第十七条 从事基础测绘活动，应当使用全国统一的大地基准、高程基准、深度基准、重力基准，以及全国统一的大地坐标系统、平面坐标系统、高程系统、地心坐标系统、重力测量系统，执行国家规定的测绘技术规范和标准。

因建设、城市规划和科学研究的需要，确需建立相对独立的平面坐标系统的，应当与国家坐标系统相联系。

第十八条 县级以上人民政府及其有关部门应当遵循科学规划、合理布局、有效利用、兼顾当前与长远需要的原则，加强基础测绘设施建设，避免重复投资。

国家安排基础测绘设施建设资金，应当优先考虑航空摄影测量、卫星遥感、数据传输以及基础测绘应急保障的需要。

第十九条 国家依法保护基础测绘设施。

任何单位和个人不得侵占、损毁、拆除或者擅自移动基础测绘设施。基础测绘设施遭受破坏的，县级以上地方人民政府测绘行政主管部门应当及时采取措施，组织力量修复，确保基础测绘活动正常进行。

第二十条 县级以上人民政府测绘行政主管部门应当加强基础航空摄影和用于测绘的高分辨率卫星影像获取与分发的统筹协调，做好基础测绘应急保障工作，配备相应的装备和器材，组织开展培训和演练，不断提高基础测绘应急保障服务能力。

自然灾害等突发事件发生后，县级以上人民政府测绘行政主管部门应当立即启动基础测绘应急保障预案，采取有效措施，开展基础地理信息数据的应急测制和更新工作。

第四章 基础测绘成果的更新与利用

第二十一条 国家实行基础测绘成果定期更新制度。

基础测绘成果更新周期应当根据不同地区国民经济和社会发展的需要、测绘科学技术水平和测绘生产能力、基础地理信息变化情况等因素确定。其中,1∶100万至1∶5 000国家基本比例尺地图、影像图和数字化产品至少5年更新一次;自然灾害多发地区以及国民经济、国防建设和社会发展急需的基础测绘成果应当及时更新。

基础测绘成果更新周期确定的具体办法,由国务院测绘行政主管部门会同军队测绘主管部门和国务院其他有关部门制定。

第二十二条 县级以上人民政府测绘行政主管部门应当及时收集有关行政区域界线、地名、水系、交通、居民点、植被等地理信息的变化情况,定期更新基础测绘成果。

县级以上人民政府其他有关部门和单位应当对测绘行政主管部门的信息收集工作予以支持和配合。

第二十三条 按照国家规定需要有关部门批准或者核准的测绘项目,有关部门在批准或者核准前应当书面征求同级测绘行政主管部门的意见,有适宜基础测绘成果的,应当充分利用已有的基础测绘成果,避免重复测绘。

第二十四条 县级以上人民政府测绘行政主管部门应当采取措施,加强对基础地理信息测制、加工、处理、提供的监督管理,确保基础测绘成果质量。

第二十五条 基础测绘项目承担单位应当建立健全基础测绘成果质量管理制度,严格执行国家规定的测绘技术规范和标准,对其完成的基础测绘成果质量负责。

第二十六条 基础测绘成果的利用,按照国务院有关规定执行。

第五章 法律责任

第二十七条 违反本条例规定,县级以上人民政府测绘行政主管部门和其他有关主管部门将基础测绘项目确定由不具有测绘资质或者不具有相应等级测绘资质的单位承担的,责令限期改正,对负有直接责任的主管人员和其他直接责任人员,依法给予处分。

第二十八条 违反本条例规定,县级以上人民政府测绘行政主管部门和其他有关主管部门的工作人员利用职务上的便利收受他人财物、其他好处,或者玩忽职守,不依法履行监督管理职责,或者发现违法行为不予查处,造成严重后果,构成犯罪的,依法追究刑事责任;尚不构成犯罪的,依法给予处分。

第二十九条 违反本条例规定,未取得测绘资质证书从事基础测绘活动的,责令停止违法行为,没收违法所得和测绘成果,并处测绘约定报酬1倍以上2倍以下的罚款。

第三十条 违反本条例规定,基础测绘项目承担单位超越资质等级许可的范围从事基础测绘活动的,责令停止违法行为,没收违法所得和测绘成果,处测绘约定报酬1倍以上2倍以下的罚款,并可以责令停业整顿或者降低资质等级;情节严重的,吊销测绘资质证书。

第三十一条 违反本条例规定,实施基础测绘项目,不使用全国统一的测绘基准和测绘系统或者不执行国家规定的测绘技术规范和标准的,责令限期改正,给予警告,可以并处10万元以下罚款;对负有直接责任的主管人员和其他直接责任人员,依法给予处分。

第三十二条 违反本条例规定,侵占、损毁、拆除或者擅自移动基础测绘设施的,责令限期改正,给予警告,可以并处5万元以下罚款;造成损失的,依法承担赔偿责任;构成犯罪的,依法追究刑事责任;尚不构成犯罪的,对负有直接责任的主管人员和其他直接责任人员,依法给予处分。

第三十三条 违反本条例规定,基础测绘成果质量不合格的,责令基础测绘项目承担单位补测或者重测;情节严重的,责令停业整顿,降低资质等级直至吊销测绘资质证书;给用户造成损失的,依法承担赔偿责任。

第三十四条 本条例规定的降低资质等级、吊销测绘资质证书的行政处罚,由颁发资质证书的部门决定;其他行政处罚由县级以上人民政府测绘行政主管部门决定。

第六章 附 则

第三十五条 本条例自 2009 年 8 月 1 日起施行。

任务四 测绘行业部门规章和规范性文件介绍

一、《外国的组织或者个人来华测绘管理暂行办法》

该办法是为实施《测绘法》的有关外国组织或者个人来华测绘制度而制定的部门规章,于 2007 年 1 月 19 日由中华人民共和国国土资源部令第 38 号公布,自 2007 年 3 月 1 日起施行。根据 2011 年 4 月 27 日《国土资源部关于修改〈外国的组织或者个人来华测绘管理暂行办法〉的决定》第一次修正 根据 2019 年 7 月 16 日自然资源部第 2 次部务会议《自然资源部关于第一批废止和修改的部门规章的决定》第二次修正。办法中规定了外国组织或者个人来华测绘必须遵循的原则、组织形式、审批和监督管理管理、禁止从事的活动、资质条件和资质的申请审批、一次性测绘的申请审批、罚则等。

二、《地图审核管理规定》

该规定是为实施《测绘法》和《地图编制出版管理条例》的有关规定而制定的部门规章,于 2006 年 6 月 23 日由中华人民共和国国土资源部令第 34 号公布,自 2006 年 8 月 1 日起施行。根据 2019 年 7 月 16 日自然资源部第 2 次部务会议《自然资源部关于第一批废止和修改的部门规章的决定》修正。这个部门规章对地图审核主体、地图审核的申请与受理、地图内容审查、审批与备案、罚则等作出了规定。

三、《重要地理信息数据审核公布管理规定》

该规定是为实施《中华人民共和国测绘法》的有关条款而制定的部门规章,于 2003 年 3 月 25 日由中华人民共和国国土资源部令第 19 号发布,自 2003 年 5 月 1 日起施行。这个部门规章制度对重要地理信息数据的含义、审核公布的主体、建议人提出审核公布建议的办法、审核的主要内容、公布的办法、罚则等做出了规定。

四、《国家基础地理信息数据使用许可管理规定》

该规定于 1999 年 12 月 22 日由国家测绘局第 5 号令公布,并于公布之日起施行。其中对国家基础地理信息数据的管理、使用许可协议的签订、有偿使用收费、使用单位的责任、提供单位的责任、罚则等做出了规定。

五、《房产测绘管理办法》

该办法根据《中华人民共和国测绘法》和《城市房地产管理法》制定，于 2000 年 12 月 28 日由中华人民共和国建设部、国家测绘局令第 83 号发布，自 2001 年 5 月 1 日起施行。其中对房产测绘的委托、资格管理、成果管理、法律责任等做出了规定。

六、《国家涉密基础测绘成果资料提供使用审批程序规定(试行)》

该规定于 2007 年 6 月 27 日起施行。其中对于申请使用涉密测绘成果的申请、受理、审批程序以及保密责任书等做出了规定。

七、《测绘资质管理规定》

该规定是为实施《中华人民共和国测绘法》的测绘资质管理制度而制定的，于 2009 年 3 月 12 日由国家测绘局印发，于 2009 年 6 月 1 日起施行。其中对测绘资质监督管理主体、测绘资质等级划分、专业范围划分、资质条件、申请、受理、审查批准、注册、监督检查、罚则等做出了规定。

八、《测绘资质分级标准》

《测绘资质分类分级标准》是中华人民共和国自然资源部办公厅修订发布的标准，重新对测绘资质管理作出政策规定。

2021 年 6 月 7 日，中华人民共和国自然资源部办公厅将修订后的《测绘资质管理办法》和《测绘资质分类分级标准》予以印发，自 2021 年 7 月 1 日起施行。

本标准分为通用标准、专业标准两部分。凡申请测绘资质的单位，应当有法人资格，并同时达到通用标准和所申请专业类别的专业标准要求。取得乙级测绘资质的测绘单位应在专业标准规定的作业限制范围内从事测绘活动，甲级测绘资质无作业范围限制。

九、《注册测绘师制度暂行规定》

该规定为实施《中华人民共和国测绘法》规定的测绘执业资格制度的有关条款制定的，于 2007 年 1 月 24 日由中华人民共和国人事部、国家测绘局共同发布，于 2007 年 3 月 1 日起施行。其中对于注册测绘师的管理、考试科目、申请考试条件、考试办法，注册测绘师资格证书的取得、注册、执业范围、执业能力、权利、义务等做出规定。

十、《测绘作业证管理规定》

该规定是为实施《中华人民共和国测绘法》中有关测绘作业证件的条款而制定的，于 2004 年 3 月 19 日由国家测绘局发布，于 2004 年 6 月 1 日起施行。其中对于测绘作业证的管理、申请、受理、审核、发放、注册、使用，当事人的权利义务等做出规定。

十一、《建立相对独立平面坐标系统管理办法》

该办法是为实施《中华人民共和国测绘法》中有关建立相对独立平面坐标系统的条款而制定的，于 2006 年 4 月 12 日由国家测绘局发布，自发布之日起施行。其中对相对独立的平面坐标系统的含义、审批主体、申请、受理、审批程序和期限等做出规定。

十二、《自然资源标准化管理办法》

该规定是围绕自然资源管理新时代理念、重点顺应部改革趋势和自然资源标准化工作新特点，自然资源部出台相应的《自然资源标准化管理办法》。于2020年6月24日以自然资发〔2020〕100号印发，自发布之日起开始施行。

十三、《测绘计量管理暂行办法》

该办法根据《中华人民共和国计量法》制定，于1996年5月22日由国家测绘局发布，自发布之日起施行。其中对计量标准的考核认证、测绘计量器具的检定机构的授权、计量检定人员的考核认证、测绘计量器具的鉴定办法和要求等做出规定。

十四、《测绘质量监督管理办法》

该办法根据《中华人民共和国测绘法》和《中华人民共和国产品治理法》制定，于1997年8月6日由国家测绘局发布，自发布之日起施行。其中对测绘产品质量遵循的原则、测绘单位的责任和义务、测绘标准化、计量检定、产品验收、测绘产品质量监督、罚则等做出规定。

十五、《测绘生产质量管理规定》

该规定根据《中华人民共和国测绘法》制定，于1997年7月22日由国家测绘局发布，自发布之日起施行。其中对测绘单位质量管理机构和人员、测绘质量责任制、生产组织的质量管理、生产过程的质量管理、产品使用过程的质量管理、质量奖罚等做出规定。

十六、《测绘科学技术档案管理规定》

该规定根据《中华人民共和国档案法》制定，于1988年3月4日由国家测绘局、国家档案局发布，自发布之日起施行。其中对测绘科技档案的内容、机构及其职责、归档、保管、利用、销毁等做出规定。

十七、《涉密基础测绘成果提供使用管理办法》

为落实国务院“放管服”改革要求，加强涉密基础测绘成果管理，维护地理信息安全，向社会提供更高效地理信息服务，自然资源部对《基础测绘成果提供使用管理暂行办法》进行了修订，2023年3月印发《涉密基础测绘成果提供使用管理办法》。

【项目小结】

本项目详细列举了测绘系统的法律法规，包括中华人民共和国测绘法，中华人民共和国地图编制管理条例、中华人民共和国测绘成果管理条例、中华人民共和国测量标志保护条例、基础测绘条例，并介绍了测绘行业一些常见重要的部门规章和规范性文件，通过本项目的学习，学习者可以对测绘法律法规有较为系统的了解，并增强依法测绘的意识。

案例分析与练习题

【案例分析】

1. 2010 年 2 月 20 日，新疆维吾尔自治区塔城地区测绘局接到群众举报，发现某日本公民携带手持 GPS 接收机在塔城地区进行测绘活动，立即进行了立案调查。经查，2010 年 1 月 31 日至 2 月 18 日，该日本公民以旅游、环境考察为名，使用手持测量型 GPS 接收机采集我国境内地理信息坐标 598 个，其中 588 个位于新疆维吾尔自治区内，涉及塔城地区军事管理区的有 85 个。该日本公民的行为违反了哪些法律法规？应受到哪些处罚？

2. 上海市某中学在 2010 年 2 月和 4 月间，未经上海市测绘行政主管部门审核，擅自加工印制了 10 000 余份《绿色世博出行指南手绘地图》，向学生和社会公众发放，并在学校网站上公开发布，供公众下载。请分析该中学的行为。

3. 2010 年 11 月，新疆维吾尔自治区阿克苏市某公民在平整土地施工时，用铲车将埋在地下的测量标志标石挖出，导致一 C 级 GPS 点失去使用效能，影响了国家测量控制网的使用和国家建设规划的有效实施。该公民的行为违反了哪些法律法规？

【练习题】

1. 因建设、城市规划和科学研究的需要，国家重大工程项目和国务院确定的大城市确需建立相对独立的平面坐标系统的，由( )批准。

A. 县级以上测绘地理信息主管部门　　B. 省级以上测绘地理信息主管部门

C. 国务院测绘地理信息主管部门　　D. 市级以上测绘地理信息主管部门

2. (　　)负责军事测绘计划编制，按照国务院、中央军事委员会规定职责分工负责编制(　　)基础测绘规划，并且组织实施。(第一个空在 A~D 中选，第二个空在 E~G 中选)

A. 外交部　　B. 军队测绘部门

C. 国务院测绘地理信息主管部门　　D. 省级测绘地理信息主管部门

E. 森林　　F. 海洋

G. 渔业

项目三　测绘工程合同管理

项目三课件

项目概述

本项目主要讲解合同的分类与形式、测绘工程合同标准与范例以及测绘工程合同的制作，通过项目的学习，学生要掌握测绘工程合同的订立原则和主要内容，能够制作标准的测绘合同。

学习目标

知识目标：了解测绘工程合同示范文本的法律地位和作用。

能力目标：掌握合同的类型、形式；掌握合同订立的原则和合同的主要内容；掌握测绘工程合同主要条款中有关甲乙双方责权利的内容。

素质目标：了解我国民法典，做守法公民。

任务一　《民法典》中合同法编的相关内容

一、民法典

2020 年 5 月 28 日，十三届全国人大三次会议表决通过了《中华人民共和国民法典》，自 2021 年 1 月 1 日起施行。婚姻法、继承法、民法通则、收养法、担保法、合同法、物权法、侵权责任法、民法总则同时废止。

《中华人民共和国民法典》被称为“社会生活的百科全书”，是新中国第一部以法典命名的法律，在法律体系中居于基础性地位，也是市场经济的基本法。

《中华人民共和国民法典》共 7 编 1260 条，各编依次为总则、物权、合同、人格权、婚姻家庭、继承、侵权责任，以及附则。通篇贯穿以人民为中心的发展思想，着眼满足人民对美好生活的需要，对公民的人身权、财产权、人格权等作出明确详实的规定，并规定侵权责任，明确权利受到削弱、减损、侵害时的请求权和救济权等，体现了我国对人民权利的充分保障，被誉为“新时代人民权利的宣言书”。

二、合同编的主要内容

《中华人民共和国民法典》第三编为“合同编”，是民法典的重要组成部分，共分为三个分编，包括通则、典型合同和准合同，涵盖了合同的订立、效力、履行、变更、转让、终止以及违约责任等内容。

(一)合同的订立

当事人订立合同可以采用书面形式、口头形式或其他形式。

合同内容一般包括当事人的姓名或名称、住所、标的、数量、质量、价款或报酬、履行期限、地点和方式、违约责任及争议解决方法等。

合同订立方式包括要约和承诺等,具体内容见任务三。

(二)合同的效力

依法成立的合同受法律保护,仅对当事人具有法律约束力,但法律另有规定的除外。

(三)合同的履行

当事人应当按照约定全面履行自己的义务。

履行合同义务时,应遵循诚信原则,根据交易习惯履行通知、协助、保密等义务。

(四)合同的变更和转让

当事人协商一致,可以变更合同。

债权人可以将债权的全部或部分转让给第三人,但法律另有规定的除外。

(五)合同的权利义务终止

合同权利义务终止的情形包括债务已经履行、债务相互抵销、债务人依法将标的物提存、债权人免除债务、债权债务同归于一人等。

(六)违约责任

当事人一方不履行合同义务或履行不符合约定的,应当承担继续履行、采取补救措施或赔偿损失等违约责任。

当事人可以约定违约金,违约金过高或过低时,法院或仲裁机构可以调整。

(七)典型合同

合同编第二分编规定了19类典型合同,如买卖合同、借款合同、租赁合同、建设工程合同等。

例如,买卖合同是出卖人转移标的物所有权于买受人,买受人支付价款的合同。

(八)准合同

准合同包括无因管理和不当得利。

三、《民法典》比原合同法有的新变化

《民法典》合同编在原《合同法》基础上进行了多处修改和完善,增加了137条,删除了25条,修改了260条。主要变化包括:

1. 构建了更加科学的合同法规范体系。
2. 对合同订立、履行、违约责任等条款进行了细化和补充。

四、《民法典》的施行

《民法典》合同编自2021年1月1日起施行,其内容丰富、体系完善,对规范市场交易行为、保护当事人合法权益具有重要意义。合同是平等主体的自然人、法人、其他组织之间设立、变更、终止民事权利义务关系的协议。

任务二　合同的分类与形式

合同是平等主体的自然人、法人、其他组织之间设立、变更、终止民事权利义务关系的协议。

一、合同的类型

合同有广义、狭义及最狭义之分。

(一)广义合同

广义合同指所有法律部门中确定权利、义务关系的协议。如民法上的民事合同、行政法上的行政合同、劳动法上的劳动合同、国际法上的国际合同等。

(二)狭义合同

狭义合同指一切民事合同。作为狭义概念的民事合同包括财产合同及身份合同。财产合同又包括债权合同(指下述的"最狭义合同")、物权合同、准物权合同。身份合同又包括"婚姻、收养、监护等有关身份关系的协议"。

(三)最狭义合同

最狭义合同仅指民事合同中的债权合同。《中华人民共和国民法典》第三编合同第九章至第二十七章共列出了 19 种合同形式,其中第十七章即为测绘工程项目所属的承揽合同。这 19 种合同分别是:①买卖合同;②供用电、水、气、热力合同;③赠与合同;④借款合同;⑤保证合同;⑥租赁合同;⑦融资租赁合同;⑧保理合同;⑨承揽合同;⑩建设工程合同;⑪运输合同;⑫技术合同;⑬保管合同;⑭仓储合同;⑮委托合同;⑯物业服务合同;⑰行纪合同;⑱中介合同;⑲合伙合同。

测绘工程项目一般签订的是承揽合同。

二、承揽合同及其特征

(一)承揽合同

承揽合同是承揽人按照定作人的要求完成工作,交付工作成果,定作人给付报酬的合同。承揽包括加工、定作、修理、复制、测试、检验等工作。

承揽合同的主体是承揽人和定作人。定作人是要求承揽人完成承揽工作并接受承揽工作成果、支付报酬的人,承揽人是按照定作人指示完成特定工作并向定作人交付该工作成果的人。承揽人和定作人均可以是法人或其他组织,也可以是自然人。

(二)承揽合同的特征

1. 承揽合同以完成一定的工作为目的

承揽合同中的承揽人必须按照定作人的要求完成一定的工作,定作人订立合同的目的是取得承揽人完成的一定的工作成果。在承揽合同中,定作人所需要的不是承揽人的单纯劳务,而必须是其物化的劳务成果。也就是说,承揽人完成工作的劳务,只有体现在其完成的工作成果上,只有与工作成果相结合,才能满足定作人的需要。

2. 承揽合同的标的具有特定性

承揽合同的标的是定作人所要求的、由承揽人所完成的工作成果。该工作成果既可以是体力劳动成果，也可以是脑力劳动成果；可以是物，也可以是其他财产；但该成果必须有特定性，是按照定作人特定要求，只能由承揽人为满足定作人特殊需求、通过自己与众不同的劳动技能而完成的。

3. 承揽合同的承揽人应当风险自己承担并独立完成工作

承揽合同中的定作人，需要的是具有特定性的标的物，这种标的物只能通过承揽人完成的工作来取得。因此，定作人是根据承揽人的条件，认定承揽人能够完成工作来选择承揽人的，定作人注重的是特定承揽人的工作条件及技能。承揽人应当以自己的劳力、设备和技术，独立完成承揽工作，若其中一小部分工作转由第三人完成的必须经定作人同意，并且承揽人必须对第三人的工作向定作人承担责任。承揽人应承担取得工作成果的风险，对工作成果的完成负全部责任。承揽人不能完成工作，无法向定作人交付定作人所指定的工作成果的，就不能向定作人要求报酬。

测绘合同是承揽合同，要按照定作人的委托要求，以自己特有的设备和技术为定作人（指测绘任务的委托人）完成约定测绘工作的合同。按照合同约定，承揽人要在规定的期限内完成测绘项目，提供相应的测绘成果，交付相应的图纸、技术资料、报告等，定作人满意之后需支付相应的费用。

三、技术合同

（一）技术合同概述

技术合同是当事人就技术开发、转让、许可、咨询或者服务订立的确立相互之间权利和义务的合同。

订立技术合同，应当有利于知识产权的保护和科学技术的进步，促进科学技术成果的研发、转化、应用和推广。

技术合同的内容一般包括项目的名称，标的的内容、范围和要求，履行的计划、地点和方式，技术信息和资料的保密，技术成果的归属和收益的分配办法，验收标准和方法，名词和术语的解释等条款。

与履行合同有关的技术背景资料、可行性论证和技术评价报告、项目任务书和计划书、技术标准、技术规范、原始设计和工艺文件，以及其他技术文档，按照当事人的约定可以作为合同的组成部分。

技术合同涉及专利的，应当注明发明创造的名称、专利申请人和专利权人、申请日期、申请号、专利号以及专利权的有效期限。

（二）技术合同分类

技术合同分为技术开发合同、技术转让合同和技术许可合同三类。

技术开发合同是当事人之间就新技术、新产品、新工艺、新品种或者新材料及其系统的研究开发所订立的合同。技术开发合同包括委托开发合同和合作开发合同。技术开发合同应当采用书面形式。当事人之间就具有实用价值的科技成果实施转化订立的合同，参照适用技术开发合同的有关规定。

技术转让合同是合法拥有技术的权利人，将现有特定的专利、专利申请、技术秘密的相关权利让与他人所订立的合同。技术许可合同是合法拥有技术的权利人，将现有特定的专利、技术秘密的相关权利许可他人实施、使用所订立的合同。

技术转让合同和技术许可合同中关于提供实施技术的专用设备、原材料或者提供有关的技术咨询、技术服务的约定,属于合同的组成部分。

技术转让合同包括专利权转让、专利申请权转让、技术秘密转让等合同。

技术许可合同包括专利实施许可、技术秘密使用许可等合同。

技术转让合同和技术许可合同应当采用书面形式。

(三)技术合同价款、报酬及使用费

技术合同价款、报酬或者使用费的支付方式由当事人约定,可以采取一次总算、一次总付或者一次总算、分期支付,也可以采取提成支付或者提成支付附加预付入门费的方式。

约定提成支付的,可以按照产品价格、实施专利和使用技术秘密后新增的产值、利润或者产品销售额的一定比例提成,也可以按照约定的其他方式计算。提成支付的比例可以采取固定比例、逐年递增比例或者逐年递减比例。

约定提成支付的,当事人可以约定查阅有关会计账目的办法。

任务三　测绘工程合同的订立

一、合同订立原则

合同的订立,应当遵循平等、自愿、公平、诚实信用及合法原则等。

(一)平等原则

合同当事人的法律地位平等,一方不得将自己的意志强加给另一方。这一原则包括以下三方面内容。

1. 合同当事人的法律地位一律平等

不论所有制性质,也不论单位大小和经济实力的强弱,其地位都是平等的。

2. 合同中的权利义务对等

所谓"对等",是指享有权利,同时就应承担义务,而且彼此的权利、义务是相应的。

3. 合同当事人必须就合同条款充分协商,取得一致,合同才能成立

任何一方都不得凌驾于另一方之上,不得把自己的意志强加给另一方,更不得以强迫命令、胁迫等手段签订合同。

(二)自愿原则

当事人依法享有自愿订立合同的权利,任何单位和个人不得非法干预。

自愿原则体现了民事活动的基本特征,是民事关系区别于行政法律关系、刑事法律关系特有的原则。自愿原则贯彻于合同活动的全过程,包括:订不订立合同自愿;与谁订合同自愿;合同内容由当事人在不违法的情况下自愿约定,在合同履行过程中,当事人可以协议补充、协议变更有关内容,双方也可以协议解除合同,可以约定违约责任,以及自愿选择解决争议的方式。总之,只要不违背法律、行政法规强制性的规定,合同当事人有权自愿决定,任何单位和个人不得非法干预。

(三)公平原则

当事人应当遵循公平原则确定各方的权利和义务。

公平原则主要包括:

(1)在订立合同时,要根据公平原则确定双方的权利和义务,不得滥用权利,不得欺诈,不得假借订立合同恶意进行磋商。

(2)根据公平原则确定风险的合理分配。

(3)根据公平原则确定违约责任。

公平原则作为合同当事人的行为准则,可以防止当事人滥用权利,有利于保护当事人的合法权益,维护和平衡当事人之间的利益。

(四)诚实信用原则

当事人行使权利、履行义务应当遵循诚实信用原则。

诚实信用原则主要包括:

(1)在订立合同时,不得有欺诈或其他违背诚实信用的行为。

(2)在履行合同义务时,当事人应当遵循诚实信用的原则,根据合同的性质、目的和交易习惯履行及时通知、协助、提供必要的条件、防止损失扩大、保密等义务。

(3)合同终止后,当事人也应当遵循诚实信用的原则,根据交易习惯履行通知、协助、保密等义务,称为后契约义务。

(五)合法原则

当事人订立、履行合同,应当遵守法律、行政法规,尊重社会公德,不得扰乱社会经济秩序,损害社会公共利益。

一般来讲,合同的订立和履行,属于合同当事人之间的民事权利义务关系,主要涉及当事人的利益,只要当事人的意思不与强制性规范、社会公共利益和社会公德相抵触,就承认合同的法律效力,国家及法律尽可能尊重合同当事人的意思,一般不予干预,由当事人自主约定,采取自愿的原则。但是,合同绝不仅仅是当事人之间的问题,有时可能涉及社会公共利益和社会公德,涉及维护经济秩序,合同当事人的意思应当在法律允许的范围内表示,不是想怎么样就怎么样。为了维护社会公共利益,维护正常的社会经济秩序,对于损害社会公共利益、扰乱社会经济秩序的行为,国家应当予以干预。至于哪些要干预,怎么干预,都要依法进行,由法律、行政法规做出规定。

二、合同的内容

合同的内容,即合同当事人的权利、义务,除法律规定的外,主要由合同的条款确定。合同的内容由当事人约定,一般包括以下条款:①当事人的名称或者姓名和住所;②标的,如有形资产、无形资产、劳务、工作成果等;③数量,应选择使用共同接受的计量单位、计量方法和计量工具;④质量,国家有强制性标准的,必须按照强制性标准执行,并可约定质量检验方法、质量责任期限与条件、对质量提出异议的条件与期限等;⑤价款或者报酬,应规定清楚计算价款或者报酬的方法;⑥履行期限、地点和方式;⑦违约责任,可在合同中约定定金、违约金、赔偿金额以及赔偿金的计算方法等;⑧解决争议的方法。

当事人在合同中特别约定的条款,也作为合同的主要条款。

测绘合同内容主要包括测绘范围、测绘内容、技术标准和质量标准、工程费用及其支付方式、项目实施进度安排、甲乙双方的义务、提交成果及成果验收方式等。

(一)测绘范围

测绘范围是确定"在哪里测、测多大范围"。在测绘合同中首先必须明确该测绘项目所涉及的工作地点、具体的地理位置、测区边界和所覆盖的测区面积等内容。测区边界可以用自然地物或人工地物边界线来描述，也可以由委托方在小比例尺地图上标定测区范围的概略地理坐标来确定。

（二）测绘内容

测绘内容就是明确“测什么”。合同中的测绘内容是直接规约受托方所必须完成的实际测绘任务，必须明确地逐一罗列出所需完成的任务及需提交的测绘成果种类、等级、数量及质量。

（三）技术标准和质量标准

技术标准和质量标准是明确“怎么测、测量的等级和验收的标准要求是什么”。合同中需明确约定所采用的技术标准、成果质量等级及其检查验收标准。一般情况下，技术依据及质量标准的确定需在合同签订前由当事人双方协商确定，并是现行的有效标准；未作协商的，应注明按照本行业相关规范及技术规程执行。此外，要约定测绘项目生产实施及测绘成果的数据基准，包括平面控制基准和高程控制基准。

（四）工程费用及其支付方式

工程费用及其支付是明确“合同价款、支付方式”。合同应明确所采用的国家正式颁布的计费依据或计费标准，并罗列出本项目涉及的全部各项计费分类细项，根据各细项的计费单价及其估算的工程量得出该细项的工程费用。除直接工程费用外，可能还包括其他费用，都需在费用预算列表中逐一罗列。

费用的支付方式由甲、乙双方参照行业惯例协商确定，一般按照工程进度（或合同执行情况）分阶段支付，包括预付款、项目进行中的阶段性付款及最终付款几个部分。视项目规模大小不同，阶段性付款可以分为一次或多次。阶段性付款的接待划分一般由甲乙双方约定，可以按阶段标志性成果来划分，也可以按照完成工程进度的百分比来划分。

（五）项目实施进度安排

项目进度安排应尽可能详细，一般应将拟定完成的项目内容罗列出来，标明每项工作计划完成的具体时间，以及预期的阶段性成果。对项目内容出现时间重叠和交错的情形，应按照完成的工程量进行阶段性分割。

（六）甲乙双方的义务

甲方应尽义务主要包括：①向乙方提交该测绘项目相关的资料；②完成对乙方提交的技术设计书的审定；③保证乙方的测绘人员顺利进入现场工作，并对乙方进场人员的工作、生活提供必要的生活条件；④及时向乙方支付工程款；⑤允许乙方内部使用执行本合同所产生的测绘成果等。

乙方的义务主要包括：①根据甲方的有关资料和本合同的技术要求完成技术设计书的编制，并提交甲方审定；②组织测绘人员进场作业；③根据技术设计书要求确保测绘项目如期完成；④允许甲方内部使用乙方为执行本合同所提供的属乙方所有的测绘成果；⑤未经甲方允许，乙方不得将本合同标的的全部或部分转包给第三方。

在合同中还需对各方拟尽义务的部分条款进行时间约束，以保证限期完成或达到要求。

(七)提交成果及成果验收方式

合同中必须对项目完成后拟提交的测绘成果进行详细说明,并逐一罗列出成果名称、种类、技术规格、数量及其他需要说明的内容。

成果的验收方式须由双方协商确定,一般应根据提交成果的不同类型进行分类验收。如果有项目监理方,则由委托方、项目承揽方和项目监理方共同完成项目成果的质量检查及验收工作。

(八)其他内容

除上述内容外,合同中还需包括:①对违约责任的明确规定;②对不可抗力因素的处理方式;③争议的解决方式及办法;④防范和化解风险(如委托方的资信风险、外业测绘的当地环境风险、经济风险和法律风险等)的措施;⑤测绘成果的版权归属和保密约定;⑥合同未约定事宜的处理方式及解决办法等。

三、合同形式

合同形式,是指当事人合意的外在表现形式,是合同内容的载体。《中华人民共和国民法典》规定,当事人订立合同,有书面形式、口头形式和其他形式。法律、行政法规规定采用书面形式的,应该采用书面形式。当事人约定采用书面形式的,应当采用书面形式。

《中华人民共和国民法民典》规定,民事法律行为可以采用书面形式、口头形式或者其他形式;法律、行政法规规定或者当事人约定采用特定形式的,应当采用特定形式。

(一)口头形式

口头形式是指当事人面对面地谈话或者以通信设备如电话交谈达成协议。以口头形式订立合同的特点是直接、简便、快速,一般数额较小或者现款交易的通常采用口头形式。如在自由市场买菜、在商店买衣服等。口头形式当然也可以适用于企业之间,但口头形式没有凭证,发生争议后,难以取证,不易分清责任。

(二)书面形式

书面形式是指以文字等可以有形式再现内容的方式达成的协议。这种形式明确肯定,有据可查,对于防止争议和解决纠纷,有积极意义。书面形式一般是指当事人双方以合同书、书信、电报、电传、传真等形式达成协议。

合同的书面形式有多种,最通常的是当事人双方对合同有关内容进行协商订立的并由双方签字(或者同时盖章)的合同文本,也称作合同书或者书面合同。通常合同书中明确地记载合同的双方当事人的权利义务、解决争议的方法等具体内容。因此,发生争议可以按照合同的规定进行处理,比较容易解决纠纷,摆脱了"口说无凭"的状况。所以,最好采用签订合同书的形式。合同书有多种多样,有行业协会等制定的示范性合同文本,国际上也有通行的某种行业的标准文本,也有营业者提供的由营业者制定的格式合同文本,大量的还有双方当事人自己签订的合同文本。

(三)其他形式

除了书面形式和口头形式,合同还可以其他形式成立。可以根据当事人的行为或者特定情形推定合同的成立,或者也可以称之为默示合同。此类合同是指当事人未用语言明确表示成立，而是根据当事人的行为推定合同成立。

任务四　测绘项目合同标准与范例

一、测绘合同示范文本

（一）合同示范文本的作用

合同示范文本，是指由规定的国家机关事先拟定的对当事人订立合同起示范作用的合同文本。多年的实践表明，如果缺乏合同示范文本，一些当事人签订的合同不规范，条款不完备，漏洞较多，将给合同的履行带来很大困难，不仅影响合同履约率，还导致合同纠纷增多，解决纠纷的难度增大。

1990 年 3 月《国务院办公厅转发国家工商行政管理局关于在全国逐步推行经济合同示范文本制度请示的通知》中指出，在全国逐步推行经济合同示范文本制度，即对各类经济合同的主要条款、式样等制定出规范的、指导性的文本，在全国范围内积极提倡、宣传，逐步引导当事人在签订经济合同时采用，以实现经济合同签订的规范化。

（二）合同示范文本的法律地位

合同示范文本对当事人订立合同起参考作用，但不要求当事人必须采用合同示范文本，即合同的成立与生效同当事人是否采用合同示范文本无直接关系。合同示范文本具有引导性、参考性，但无法律强制性，为非强制性使用文本。

（三）测绘合同示范文本

测绘项目合同是测绘项目管理的核心内容。为指导测绘合同当事人的签约行为，维护合同当事人的合法权益，2000 年原国家测绘局、国家工商行政管理局制定了《测绘合同（示范文本）》（GF—2000—0306），《测绘合同（示范文本）》既有助于合同规范化，又有助于主管部门加强监督管理，有助于法院及仲裁及时解决合同争议。

《测绘合同（示范文本）》对测绘项目合同的主要内容进行了示范性列举。测绘项目合同的内容，除包括测绘范围、测绘内容和执行的技术标准外，还包括以下内容。

1. 测绘工程费

（1）取费依据：国家颁布的测绘产品价格标准。

（2）取费项目及预算工程总价款。如果测绘项目按工序划分取费，可以通过列表方式列出具体的收费明细。

（3）工程完工后，根据实际测绘工作量核计实际工程价款总额。

2. 甲方（定作人）的义务

（1）自合同签订之日起××日内向乙方提交有关资料。

（2）自接到乙方编制的技术设计书之日起××日内完成技术设计书的审定工作，并提出书面审定意见。

（3）应当保证乙方的测绘队伍顺利进入现场工作，并对乙方进场人员的工作、生活提供必要的条件。

（4）甲方保证工程款按时到位，以保证工程的顺利进行。

（5）允许乙方内部使用执行本合同所生产的测绘成果。

3. 乙方(承揽方)的义务

(1)自收到甲方的有关材料之日起××日内,根据甲方的有关资料和本合同的技术要求,完成技术设计书的编制,并交甲方审定。

(2)自收到甲方对技术设计书同意实施的审定意见之日起××日内组织测绘队伍进场作业。

(3)乙方应当根据技术设计书要求确保测绘项目如期完成。

(4)允许甲方内部使用乙方为执行本合同所提供的属乙方所有的测绘成果。

(5)未经甲方允许,乙方不得将本合同标的的全部或部分转包给第三方。

(四)测绘项目合同工期的约定

合同应当明确全部成果应于××××年××月××日前交甲方验收。

(五)测绘项目验收

测绘项目合同中,应当明确项目验收的组织形式、经费来源等内容,乙方应当明确自工程完工之日起××日内书面通知甲方验收,甲方应当自接到完工通知之日起××日内,组织有关专家,依据本合同约定使用的技术标准和技术要求,对乙方所完工的测绘工程完成验收,并出据测绘成果验收报告书。对乙方所提供的测绘成果的质量有争议的,由测区所在地的省级测绘产品质量监督检验站裁决。其费用由败诉方承担。

(六)规定成果所有权和使用权

对乙方测绘成果的所有权、使用权和著作权归属的约定。

(七)测绘工程费支付日期和方式

合同应当约定自测绘工程费全部结清之日起××日内,乙方根据技术设计书的要求向甲方交付全部测绘成果。

乙方向甲方交付约定的测绘成果份数。甲方如需增加测绘成果份数,需另行向乙方支付相应的费用。

(八)对违约责任的规定

合同应当明确规定违约责任,包括甲方违约责任和乙方违约责任,并要明确由于不可抗力,致使合同无法履行时,双方应按有关法律规定及时协商处理。

(九)其他约定

本合同执行过程中的未尽事宜,双方应本着实事求是、友好协商的态度加以解决。双方协商一致的,签订补充协议。补充协议与本合同具有同等效力。因本合同发生争议,由双方当事人协商解决或由双方主管部门调解,协商或调解不成的,当事人双方同意××仲裁委员会仲裁(当事人双方未在合同中约定仲裁机构,事后又未达成书面仲裁协议的,可向人民法院起诉)。

(十)附则

合同附则的主要内容包括:本合同由双方代表签字,加盖双方公章或合同专用章即生效。全部成果交接完毕和测绘工程费结算完成后,本合同终止。本合同一式××份,甲方××份,乙方××份。

对某些特殊的测绘活动,当事人可在不改变《测绘合同(示范文本)》规定原则的情况下,对测绘合同的条款进行修改。

二、测绘合同范例

(一)地界测绘合同范例

委托方:××××有限公司,以下简称甲方;

承揽方:××××有限公司,以下简称乙方;

根据《中华人民共和国民法典》《中华人民共和国测绘法》和有关法律法规,经甲、乙双方协商一致签订本合同。

第一条 测绘范围:××省××县境内,大约 5 km^2。

第二条 测绘内容:数字化地形图修测、补测(不包括控制测量)。

第三条 执行标准:依据甲方提交的技术设计书要求。

第四条 测绘工程费

第五条 甲方的义务

1. 自本合同签订之日起　日内向乙方提交有关资料和提出技术要求。

2. 应当负责保证乙方的测绘队伍　日内顺利进入现场工作,并对乙方进场人员的工作、生活提供必要的条件(食宿、交通全部费用)。

第六条 乙方的义务

乙方应当根据技术设计要求按合同确保测绘项目完成。

第七条 测绘工程费支付日期和方式

1. 自合同签订之日起甲方向乙方支付定金人民币 2 000 元。

2. 本合同工程量完成 50%,甲方应向乙方支付工程价款的 50%。

3. 自测绘成果验收合格之日起 5 日内,甲方应向乙方结清全部工程总价款的余款。

第八条 甲方违约责任

1. 合同签订后,乙方未进入现场工作前由于工程停止而终止合同时,甲方无权请求返还定金;乙方已进入现场工作,完成的工作量在 50% 以内时,则甲方应支付工程总价款的 50%;完成工作量超过 50% 时,则甲方应支付工程总价款的 100%。

2. 甲方未给乙方提供必要的工作条件而造成停窝工时,甲方应付给乙方停窝工费,停窝工费按合同约定的平均日产值计算,同时工期顺延。

3. 甲方未按期支付乙方工程费,应按延误天数和同期银行贷款利率,向乙方支付违约金。

第九条 乙方违约责任

1. 合同生效后,如乙方擅自中途停止或解除合同,乙方应向甲方双倍返还定金。

2. 乙方未能按合同规定提交测绘成果时,应向甲方偿付拖期损失费,每天的拖期损失费按本合同约定的工程总价款的 1% 计算。

3. 乙方提供的测绘成果质量不合格,乙方应负责无偿给予重测或采取补救措施,以达到质量要求。因测绘成果质量不符合合同约定的要求(而又非甲方提供的图纸资料原因所致)造成后果时,乙方应对因此造成的直接损失负赔偿责任,并承担相应的法律责任(由于甲方提供的图纸资料原因产生的责任由甲方自己负责)。

4. 对于甲方提供的图纸资料和技术资料以及属于甲方的测绘成果,乙方有义务保密,不得向第三方转让;否则,甲方有权对因此造成的损失追究责任。

第十条 由于不可抗力，致使合同无法履行时，双方应按有关法律规定及时协商处理。

第十一条 其他约定（由双方商定，但不得违反法律规定）。

第十二条 本合同执行过程中的未尽事宜，双方应本着实事求是、友好协商的态度加以解决。双方协商一致的，签订补充协议。补充协议与本合同具有同等效力。

第十三条 因合同执行过程中双方发生纠纷，可由双方协商解决或由双方主管部门调解。

第十四条 合同生效与份数

1. 本合同由双方代表签字，加盖双方公章或合同专用章即生效。全部成果交接完毕和测绘工程费结算完成后，本合同终止。

2. 本合同一式四份，甲、乙双方各执两份。

委托方名称（盖章）： 承揽方名称（盖章）：

法定代表人或委托代理人（签字）： 法定代表人或委托代理人（签字）：

订立时间： 年 月 日

（二）地形测量合同范例

工程名称：

工程地点：

合同编号：

测量证书等级：丁级

委托方：×××××，以下简称甲方；

承揽方：×××××，以下简称乙方。

签订日期：××××年××月××日

甲方委托乙方承担： 任务。

根据《中华人民共和国民法典》《中华人民共和国测绘法》及国家有关规定，结合本工程的具体情况，为明确责任，协作配合，确保工程测量质量，经甲、乙双方协商一致，签订本合同，共同遵守。

第一条 工程概况

1.1 工程名称：

1.2 工程地点：

1.3 工程规模： 特征：地形测量、地籍调查。

第二条 成果提交形式

乙方向甲方提交测量成果资料并对其质量负责，乙方向甲方提交测量成果资料包括：1∶500 地形图 6 份、成果表 3 份、CAD 图电子版、地籍调查表 3 份。甲方要求增加份数另收取工本费。

第三条 开工及提交测量成果资料的日期和收费标准及付款方式

3.1 本工程的测量工作定于 年 月 日开工。工期 12 天，提交测绘成果资料，遇到特殊情况工期拖延应得到甲方批准。

3.2 本工程测绘费用为 万元（￥ 元）。合同生效后 天内，甲方应向乙方支付合同费的 50%作为定金，计 元；提交测量成果资料后 天内，甲方应一次付清剩余全部合同测绘费用。

第四条 甲、乙双方责任

4.1 甲方责任

4.1.1 甲方委托任务时,必须以书面形式签订合同,明确工程任务要求。

4.1.2 甲方应及时为乙方提供并解决测量工程现场的工作条件和出现的问题。

4.1.3 甲方为乙方的技术设计、报告书、技术资料、图纸和数据等承担保密任务,未经许可不得外传泄漏。

4.1.4 按合同规定时间及时支付乙方工程费用。

4.2 乙方责任

4.2.1 乙方应按国家技术规范、标准、规程和甲方的任务要求进行技术设计和测量,按本合同规定的实际提交质量合格的成果资料,并对其负责。

4.2.2 由于乙方提供的测量成果资料质量不合格,乙方应负责无偿给予补充完善使其达到质量合格,并赔偿对甲方造成的损失。

4.2.3 在现场工作的乙方人员,应遵守甲方的安全保卫及其他有关的规章制度,承担其有关资料保密义务。

4.2.4 本合同有关条款的其他责任。

第五条 违约责任

5.1 乙方应按照合同规定时间完成本合同内所有项目的测量工作。

5.2 乙方迟延交工的,每迟延 1 日,应当向甲方支付相当于合同总价款 0.5%的违约金;迟延 7 日的,甲方有权单方解除合同。合同解除后,乙方仍应当支付迟延违约金。

5.3 施工期间的安全管理由乙方自控,发生安全事故全部责任由乙方承担。

第六条 其他约定事项

6.1 合同争议的解决

6.1.1 在执行本合同中所发生的或与本合同有关的一切争端,甲、乙双方应通过友好协商解决。如协商不能解决,任何方可以向合同签署地的法院提起诉讼。

6.1.2 在法院审理期间,除正在进行法院审理的部分外,本合同其他部分应继续执行。

6.2 本合同一式四份,甲、乙双方各执两份。

6.3 本合同自双方代表签字和盖公章或合同专用章后生效。

6.4 合同签订地点:________________。

甲方(盖章): 乙方(盖章):

签字代表: 签字代表:

联系人及联系方式: 联系人及联系方式:

签订日期:________年____月____日

(三)地形图测绘合同范例

合同编号:

签订合同双方:

委托方:________,以下简称甲方;

承揽方:________,以下简称乙方。

根据《中华人民共和国民法典》《中华人民共和国测绘法》和有关法律法规,经甲、乙双方协商一致签订本合同。

第一条 测绘范围(包括测区地点、面积,测区地理位置等):

甲方所指定的用地红线范围之内。

第二条 测绘内容(包括测绘项目和工作量等):

根据甲、乙双方所协商的内容进行测绘。

第三条 执行技术标准

序号	标准名称	标准代号	标准等级
1	《城市测量规范》	CJJ/T 8—2011	行业标准
2	《工程测量标准》	GB 50026—2020	国家标准
3	《卫星定位城市测量技术标准》	CJJ/T 73—2019	
4	《国家基本比例尺地图图式第 1 部分:1∶500　1∶1 000　1∶2 000 地形图图式》	GB/T 20257. 1—2017	国家标准
5	《国家基本比例尺地图图式第 2 部分:1∶5 000　1∶10 000 地形图图式》	GB/T 20257. 2—2017	国家标准

其他技术要求:

第四条 测绘工程费

1. 取费依据:财政部、国家测绘局财建〔2009〕17 号。

2. 取费项目及工程总价款:

序号	项目名称	工作量(亩)	单价(元/亩)	合计(元)	备注
工程总价款:		大写:			

第五条 付款方式

本合同工程完工后经甲方验收合格一次性付清。

第六条 工作成果及价格

1. 自测绘工程费全部结清之日后____日内,乙方根据设计书的要求向甲方交付全部测绘成果。

序号	成果名称	规格	数量	备注
1	蓝图		3 份	1∶500
2	南方 CASS2008		1 份	

2. 乙方向甲方交付约定的测绘成果1份。甲方如需增加测绘成果份数,需另行向乙方支付每份工本费人民币壹佰元。

第七条 甲方的义务

1. 自本合同签订之日起____日内向乙方提交有关资料和提出技术要求。

2. 自接到乙方编制的地形图之日起____日内完成地形图的审定工作。

3. 应当负责保证乙方的测绘队伍顺利进入现场工作,并对乙方进场人员的工作、生活提供必要的条件。

第八条 乙方的义务

1. 自收到甲方的有关资料和技术要求之日起,根据甲方的有关资料和技术要求于____日内完成地形图施测方案的编制,并交甲方审定。

2. 自收到甲方同意实施的审定意见之日起____日内组织测绘队伍进场作业。

3. 乙方应当根据地形图测绘要求按合同工期确保测绘项目完成。

第九条 甲方违约责任

1. 合同签订后,乙方未进入现场工作前,由于工程停止而终止合同时,甲方无权请求返还定金;乙方已进入现场工作,完成的工作量在30%以内时,则甲方应支付工程总价款的50%;工程完工后经甲方验收合格一次性付清。

2. 甲方未给乙方提供必要的工作条件而造成停窝工时,甲方应付给乙方停窝工费,停窝工费按合同约定的平均日产值计算,同时工期顺延。

3. 甲方未按期支付乙方工程费,应按延误天数和同期银行贷款利率,向乙方支付违约金。

4. 对于乙方提供的图纸等资料以及属于乙方的测绘成果,甲方负有保密义务,不得向第三方提供或用于本合同以外的项目,否则乙方有权对因此造成的损失追究责任。

第十条 乙方违约责任

1. 合同生效后,如乙方擅自中途停止或解除合同,乙方应向甲方双倍返还定金。

2. 乙方未能按合同规定提交测绘成果时,应向甲方偿付拖期损失费,每天的拖期损失费按本合同约定的工程总价款的1%计算。

3. 乙方提供的测绘成果质量不合格,乙方应负责无偿给予重测或采取补救措施,以达到质量要求。因测绘成果质量不符合合同约定的要求(而又非甲方提供的图纸资料原因所致)造成后果时,乙方应对因此造成的直接损失负赔偿责任,并承担相应的法律责任(由于甲方提供的图纸资料原因产生的责任由甲方自己负责)。

4. 对于甲方提供的图纸资料和技术资料以及属于甲方的测绘成果,乙方有义务保密,不得向第三方转让;否则,甲方有权对因此造成的损失追究责任。

第十一条 由于不可抗力,致使合同无法履行时,双方应按有关法律规定及时协商处理。

第十二条 其他约定(由双方商定,但不得违反法律规定)____。

第十三条 本合同执行过程中的未尽事宜,双方应本着实事求是、友好协商的态度加以解决。双方协商一致的,签订补充协议。补充协议与本合同具有同等效力。

第十四条 因合同执行过程中双方发生纠纷,可由双方协商解决或由双方主管部门调解,若达不成协议,双方同意就本合同产生的纠纷向当地仲裁委员会申请仲裁。当事人双方不在合同中约定仲裁机构的,事后又没有达成书面仲裁协议的,可向有管辖权的人民法院起诉。

第十五条 合同生效与份数。

1. 本合同由双方签章即生效;全部成果交接完毕和测绘工程费结算完成后,本合同终止。

2. 本合同一式____份,甲乙双方各执____份。

委托方(盖章): 承揽方(盖章):

签约代表: 签约代表:

联系人及联系方式: 联系人及联系方式:

签订日期: 年 月 日

项目小结

本章主要从合同的类型与合同形式进行了论述,通过对测绘工程合同示范文本与范例对合同中的主要条款进行了分析,结合测绘合同的订立原则、合同的主要内容等方面,对合同订立过程中注意的问题进行了阐述。在学习过程中,要重点把握测绘项目合同内容的组成,甲、乙双方的主要义务及合同订立的原则。

案例分析与练习题

【案例分析】

1. 2018 年 3 月 15 日,甲公司与乙公司达成口头约定,约定由甲公司委托乙公司承担××县××片区农村宅基地复垦测绘工作。之后,乙公司及其工作人员开始了前期的测绘活动并分批次向甲公司提交测绘成果;2018 年 5 月 10 日,甲公司与乙公司补充签订了书面《承包测绘合同》。

简答题:

(1)试述合同的类型和形式?甲、乙公司的口头约定是否有效?

(2)《承包测绘合同》属于合同分类中的哪一种?

2. 2018 年 10 月 9 日,××测绘公司与××村委会签订《测绘合同》(合同编号为 CH—2018—01 号),××村委会委托××测绘公司完成村庄规划地形图测量工作,2018 年 11 月 10 日提交测绘成果。该合同就测绘范围、测绘内容、执行技术标准、测绘工程款、违约责任等做了约定。××村委会提供的基础资料不准确,造成××测绘公司相应工作滞后,2018 年 11 月 15 日,××测绘公司才向××村委会提交了最终测绘成果,××村委会以测绘成果提交时间超过合同约定时间为由要求××测绘公司承担违约责任。

简答题:

(1)根据《测绘合同(示范文本)》,试述合同中还应包括的主要内容有哪些?

(2)根据《测绘合同(示范文本)》,××村委会要求××测绘公司承担违约责任是否合理?为什么?

3. 2017 年 7 月,A 公司为开发建设某旅游风景区,将该项目的测绘工程发包给陈某某,陈某某具有2015年5月18日××省测绘局颁发的测绘工作证(编号:3500502),职称为助理工程师,专业为工程测量。双方于2017年7月20日签订一份《测绘合同》,合同约定如下:

项目名称:某旅游风景区1∶500地形图;

测绘范围:A公司指定测量范围;

执行技术标准:《工程测量标准》(GB 50026—2020);

计量及计价方式:以实际测绘面积为准进行结算,单价38 500元/km^2;

测绘工程费支付日期和方式:

(1)进场之日起3日内预付人民币10 000元作为生活费用。

(2)自测绘成果交付之日起3日内结清全部工程总价款的60%。

(3)自测绘成果交付之日起一周内,A公司需组织专业人员进行测绘成果验收,验收确定成果无误后3日内需结清所有工程款(测绘成果交付A公司之日起45个工作日内尚未组织专业人员验收,逾期视为A公司确定成果无误),提交成果资料为光盘2张、图纸2套。

合同签订后,陈某某在被告A公司指定范围内依约开展测绘工作,2017年9月30日,陈某某按期向A公司提交了测绘成果。

2018年5月10日,经陈某某向A公司催讨,A公司仍拖欠其测绘费用20万元,A公司以测绘成果不合格为由,剩余款项不予支付,陈某某随即向人民法院提起了诉讼。

简答题:

(1)简述合同的订立原则。

(2)根据《中华人民共和国测绘法》,试述A公司将该项目的测绘工程发包给陈某某的行为是否合法?为什么?

【练习题】

1. 下列哪一个是体现“新时代人民权利的宣言书”的一部法典(　　)。

A.《中国人民共和国民法典》　　B. 美国《统一商法典》

C.《德国民法典》　　D.《日本民法典》

2. 下列选项中,不属于测绘项目合同内容的是(　　)。

A. 测绘内容、范围　　B. 技术设计和质量标准

C. 工程费用　　D. 测绘技术设计

3. 下列选项中,不属于测绘项目合同履行内容的是(　　)。

A. 优质测绘工程奖申报与获奖承诺

B. 测绘项目委托单位按时交付项目酬金

C. 项目承揽方按要求完成测绘工作

D. 合同约定的附加工作和额外测绘工作及酬金给付

4. 下列选项中,不属于测绘合同变更条件的是(　　)。

A. 合同要素内容发生变更

B. 当事人双方协商一致,不损害国家及社会公共利益

C. 原测绘合同关系的有效存在

D. 须遵循法定形式

5. 根据《测绘合同》示范文本要求,以下关于甲乙双方义务的陈述中不正确的是(　　)。

A. 乙方根据技术设计书要求确保测绘项目如期完成

B. 不允许甲方使用乙方为执行本合同所提供的属乙方所有的测绘成果

C. 甲方应当对乙方提交的技术设计书做审订工作

D. 未经甲方允许，乙方不得将本合同标的的全部或部分转包给第三方

6. 根据《测绘合同》示范文本规定，下列关于甲方违约责任说法错误的是（　　）。

A. 合同签订后，乙方未进入现场工作前，由于甲方工程停止而终止合同的，甲方无权请求返还定金。双方没有约定定金的，偿付乙方预算工程费的 50%

B. 乙方进场后，甲方未给乙方提供必要的工作、生活条件而造成停窝工时，甲方应支付给乙方停窝工费

C. 甲方未按要求支付乙方工程费，影响工程进度的，甲方应承担顺延工期的责任，并向乙方支付停窝工费

D. 甲方对于乙方提供的图纸等资料以及属于乙方的测绘成果有义务保密，不得向第三人提供或用于本合同以外的项目，否则乙方有权要求甲方按本合同工程总额的 20%赔偿损失

7. 根据《测绘合同》示范文本规定，下列选项中，属于测绘项目合同乙方义务的是（　　）。

A. 组织测绘队伍进场

B. 作业根据技术设计书要求确保测绘项目如期完成

C. 编制技术设计书

D. 完成对技术设计书的审订工作

E. 乙方可以将本合同标的全部或部分转包给第三方

8. 根据《测绘合同》示范文本规定，下列关于乙方违约责任说法错误的是（　　）。

A. 合同签订后，如乙方擅自中途停止或解除合同，乙方应向甲方双倍返还定金

B. 在甲方提供了必要的工作、生活条件，并且表征了工程款按时到位，乙方未能按合同规定的日期提交测绘成果时，应向甲方赔偿拖期损失费，偿付预算工程费 30%的违约金

C. 乙方提供的测绘成果质量不合格的，乙方应负责无偿予以重测或采取补救措施，以达到质量要求

D. 乙方擅自转包本合同标的的，甲方有权解除合同，并可要求乙方偿付预算工程费 50%的违约金

E. 对于甲方提供的图纸和技术资料以及属于甲方的测绘成果，乙方有保密义务，不得向第三人转让，否则，甲方有权要求乙方按本合同工程总额的 20%赔偿损失

项目四课件

项目四　测绘工程项目管理

项目概述

测绘工程项目包含项目立项、招标投标、项目实施等过程。测绘工作需要耗费巨大的人力、财力，为避免资源浪费，有关部门在批准立项前要对其进行立项检查，充分利用已有测量成果，提高地理信息资源和公共财政资金的使用效率。测绘项目招标投标制度的实施，引进了市场竞争机制，是我国测绘地理信息市场逐步发展成熟的一个重要标志。最后，测绘工程项目的实施要做好人员、设备、技术、物资、思想等方面的准备工作，并在实施过程中做好过程管理，以便保质保量地完成测量工作。

学习目标

知识目标：①掌握测绘工程项目立项审查的内容；②掌握招投标的相关要求；③掌握测绘工程项目实施开工前的准备工作。

能力目标：会做测绘工程项目实施工程进度控制、资金预算控制和质量控制等。

素质目标：避免资源浪费，提高地理信息资源和公共财政资金的使用效率。

任务一　测绘工程项目立项

测绘项目是由一组有起止日期的、相互协调的测绘活动组成的独特的工作过程，该过程要达到符合包括时间、成本和资源的约束条件在内的规定要求的目标，且其成果（或产品）可供社会直接使用和流通。测绘项目通常由一项或多项不同的测绘活动组成。构成测绘项目的测绘活动根据其内容不同可分为大地测量、工程测量、摄影测量与遥感、地形数据采集及成图、地图制图与印刷、界线测绘、基础地理信息数据建库等测绘专业活动，也可根据测区的不同划分不同的专业活动，也可将两者综合考虑进行划分。

一、测绘项目立项审核制度

测绘项目立项审核制度是《中华人民共和国测绘法》确定的一项重要测绘法律制度，目的是避免重复测绘，提高地理信息资源和公共财政资金的使用效率。

《中华人民共和国测绘法》规定，使用财政资金的测绘项目和涉及测绘的其他使用财政资金的项目，有关部门在批准立项前应当征求本级人民政府测绘地理信息主管部门的意见，有适宜测绘成果的，应当充分利用已有的测绘成果，避免重复测绘。

《中华人民共和国测绘成果管理条例》规定，使用财政资金的测绘项目和使用财政资金的建设工程测绘项目，有关部门在批准立项前应当书面征求本级人民政府测绘行政主管部门的意见。测绘行政主管部门应当自收到征求意见材料之日起10日内，向征求意见的部门反馈意见。有适宜测绘成果的，应当充分利用已有的测绘成果，避免重复测绘。

二、需要审核的项目

测绘项目立项一般由有关业务主管部门和测绘成果使用单位提出，由同级发展改革主管部门审核批准并列入计划，由同级财政部门拨付项目经费。按照《中华人民共和国测绘法》和《中华人民共和国测绘成果管理条例》的规定，测绘项目立项审核，主要包括两大类测绘项目。

(一)使用财政资金的测绘项目

该类项目指专门使用财政资金的测绘项目。例如，国务院组织开展的全国地理国情普查项目，以及城市地理信息公共服务平台建设项目和城市地下管线测绘项目等，这些都属于由财政资金支撑的专门的测绘项目。

(二)涉及测绘的其他使用财政资金的项目

该类项目指在行业信息化建设、工程建设或者其他项目中所包含的测绘项目。例如，公路设计、数字城管、智能交通、智慧旅游等项目建设中，都包含了地形图测绘、地理信息数据库和地理信息系统建设等相应的测绘项目。

以上两类测绘项目有一个共同点，就是都使用了财政资金，因此政府有关部门在批准立项前，必须依法书面征求测绘地理信息主管部门的意见，测绘地理信息主管部门应当在规定的期限内认真进行审核，并根据现有测绘成果情况提出准予立项或不准予立项的意见和建议。

三、立项审核的内容

对于使用财政资金的测绘项目和涉及测绘的其他使用财政资金的项目，测绘地理信息主管部门在进行立项审核时，主要审核以下内容：

(1)测绘项目的基本情况，包括项目空间分布情况、覆盖范围及主要成果。

(2)测绘项目的基本技术要求，包括所采用的测量基准、测绘系统、执行的技术标准和规范情况以及起算依据等。

(3)测绘项目的特殊要求，即满足项目立项申请单位或者测绘成果使用单位的特殊规定、技术要求等。

(4)根据测绘地理信息主管部门掌握的已有的基础测绘成果资料及其现势性，对测绘项目的情况进行综合比对、分析，提出审核意见。已有测绘成果的精度、规格及范围能够满足测绘项目需要的，测绘地理信息主管部门应当在10日内提出不予批准立项的建议文件。已有测绘成果资料难以满足立项申请单位和测绘成果使用单位需求的，测绘地理信息主管部门应当提出准予立项的意见和建议。

任务二　测绘项目招标投标

为了规范招标投标活动,保护国家利益、社会公共利益和招标投标活动当事人的合法权益,提高经济效益,保证项目质量,在中华人民共和国境内进行下列工程建设项目包括项目的勘察、设计、施工、监理以及与工程建设有关的重要设备、材料等的采购,必须进行招标:

(1)大型基础设施、公用事业等关系社会公共利益、公众安全的项目。

(2)全部或者部分使用国有资金投资或者国家融资的项目。

(3)使用国际组织或者外国政府贷款、援助资金的项目。

任何单位和个人不得将依法必须进行招标的项目化整为零或者以其他任何方式规避招标。招标投标活动应当遵循公开、公平、公正和诚实信用的原则。依法必须进行招标的项目,其招标投标活动不受地区或者部门的限制。任何单位和个人不得违法限制或者排斥本地区、本系统以外的法人或者其他组织参加投标,不得以任何方式非法干涉招标投标活动。招标投标活动及其当事人应当接受依法实施的监督。有关行政监督部门依法对招标投标活动实施监督,依法查处招标投标活动中的违法行为。

一、招标

招标人是提出招标项目、进行招标的法人或者其他组织。招标项目按照国家有关规定需要履行项目审批手续的,应当先履行审批手续,取得批准。招标人应当有进行招标项目的相应资金或者资金来源已经落实,并应当在招标文件中如实载明。

(一)招标方式

招标分为公开招标和邀请招标。公开招标,是指招标人以招标公告的方式邀请不特定的法人或者其他组织投标。邀请招标,是指招标人以投标邀请书的方式邀请特定的法人或者其他组织投标。国务院发展计划部门确定的国家重点项目和省、自治区、直辖市人民政府确定的地方重点项目不适宜公开招标的,经国务院发展计划部门或者省、自治区、直辖市人民政府批准,可以进行邀请招标。

招标人采用公开招标方式的,应当发布招标公告。依法必须进行招标的项目的招标公告,应当通过国家指定的报刊、信息网络或者其他媒介发布。招标公告应当载明招标人的名称和地址、招标项目的性质、数量、实施地点和时间以及获取招标文件的办法等事项。

招标人采用邀请招标方式的,应当向三个以上具备承担招标项目的能力、资信良好的特定的法人或者其他组织发出投标邀请书。

招标人可以根据招标项目本身的要求,在招标公告或者投标邀请书中,要求潜在投标人提供有关资质证明文件和业绩情况,并对潜在投标人进行资格审查。招标人不得以不合理的条件限制或者排斥潜在投标人,不得对潜在投标人实行歧视待遇。

(二)招标代理机构

招标代理机构是依法设立、从事招标代理业务并提供相关服务的社会中介组织。招标代理机构应当具备下列条件:

(1)有从事招标代理业务的营业场所和相应资金。

(2)有能够编制招标文件和组织评标的相应专业力量。

(3)有可以作为评标委员会成员人选的技术、经济等方面的专家库。

招标人有权自行选择招标代理机构,委托其办理招标事宜。任何单位和个人不得以任何方式为招标人指定招标代理机构。招标人具有编制招标文件和组织评标能力的,可以自行办理招标事宜。任何单位和个人不得强制其委托招标代理机构办理招标事宜。

从事工程建设项目招标代理业务的招标代理机构,其资格由国务院或者省、自治区、直辖市人民政府的建设行政主管部门认定。具体办法由国务院建设行政主管部门会同国务院有关部门制定。从事其他招标代理业务的招标代理机构,其资格认定的主管部门由国务院规定。招标代理机构与行政机关和其他国家机关不得存在隶属关系或者其他利益关系。

招标代理机构泄露应当保密的与招标投标活动有关的情况和资料的,或者与招标人、投标人串通损害国家利益、社会公共利益或者他人合法权益的,处五万元以上二十五万元以下的罚款,对单位直接负责的主管人员和其他直接责任人员处单位罚款数额百分之五以上百分之十以下的罚款;有违法所得的,并处没收违法所得;情节严重的,暂停直至取消招标代理资格;构成犯罪的,依法追究刑事责任。给他人造成损失的,依法承担赔偿责任。

(三)招标相关要求

招标人应当根据招标项目的特点和需要编制招标文件。招标文件应当包括招标项目的技术要求、对投标人资格审查的标准、投标报价要求和评标标准等所有实质性要求和条件以及拟签订合同的主要条款。国家对招标项目的技术、标准有规定的,招标人应当按照其规定在招标文件中提出相应要求。招标项目需要划分标段、确定工期的,招标人应当合理划分标段、确定工期,并在招标文件中载明。招标文件不得要求或者标明特定的生产供应者以及含有倾向或者排斥潜在投标人的其他内容。招标人根据招标项目的具体情况,可以组织潜在投标人踏勘项目现场。

招标人对已发出的招标文件进行必要的澄清或者修改的,应当在招标文件要求提交投标文件截止时间至少十五日前,以书面形式通知所有招标文件收受人。该澄清或者修改的内容为招标文件的组成部分。招标人应当确定投标人编制投标文件所需要的合理时间;但是,依法必须进行招标的项目,自招标文件开始发出之日起至投标人提交投标文件截止之日,最短不得少于二十日。

必须进行招标的项目而不招标的,将必须进行招标的项目化整为零或者以其他任何方式规避招标的,责令限期改正,可以处项目合同金额千分之五以上千分之十以下的罚款;对全部或者部分使用国有资金的项目,可以暂停项目执行或者暂停资金拨付;对单位直接负责的主管人员和其他直接责任人员依法给予处分。

招标人以不合理的条件限制或者排斥潜在投标人的,对潜在投标人实行歧视待遇的,强制要求投标人组成联合体共同投标的,或者限制投标人之间竞争的,责令改正,可以处一万元以上五万元以下的罚款。

依法必须进行招标的项目的招标人向他人透露已获取招标文件的潜在投标人的名称、数量或者可能影响公平竞争的有关招标投标的其他情况的,或者泄露标底的,给予警告,可以并处一万元以上十万元以下的罚款;对单位直接负责的主管人员和其他直接责任人员依法给予处分;构成犯罪的,依法追究刑事责任。

《测绘市场管理暂行办法》规定,进入测绘市场的项目,金额超过二十万元的及其他实行公开招标的测绘项目,应当通过招标方式确定承揽方。

二、投标

(一)投标人

投标人是响应招标、参加投标竞争的法人或者其他组织。投标人应当具备承担招标项目的能力;国家有关规定对投标人资格条件或者招标文件对投标人资格条件有规定的,投标人应当具备规定的资格条件。投标人少于三个的,招标人应当依法重新招标。

两个以上法人或者其他组织可以组成一个联合体,以一个投标人的身份共同投标。联合体各方均应当具备承担招标项目的相应能力;国家有关规定或者招标文件对投标人资格条件有规定的,联合体各方均应当具备规定的相应资格条件。由同一专业的单位组成的联合体,按照资质等级较低的单位确定资质等级。联合体各方应当签订共同投标协议,明确约定各方拟承担的工作和责任,并将共同投标协议连同投标文件一并提交招标人。联合体中标的,联合体各方应当共同与招标人签订合同,就中标项目向招标人承担连带责任。招标人不得强制投标人组成联合体共同投标,不得限制投标人之间的竞争。

投标人不得相互串通投标报价,不得排挤其他投标人的公平竞争,损害招标人或者其他投标人的合法权益。投标人不得与招标人串通投标,损害国家利益、社会公共利益或者他人的合法权益。禁止投标人以向招标人或者评标委员会成员行贿的手段谋取中标。投标人不得以低于成本的报价竞标,也不得以他人名义投标或者以其他方式弄虚作假,骗取中标。

(二)投标文件

投标人应当按照招标文件的要求编制投标文件。投标文件应当对招标文件提出的实质性要求和条件做出响应。招标项目属于建设施工的,投标文件的内容应当包括拟派出的项目负责人与主要技术人员的简历、业绩和拟用于完成招标项目的机械设备等。投标人根据招标文件载明的项目实际情况,拟在中标后将中标项目的部分非主体、非关键性工作进行分包的,应当在投标文件中载明。

投标人在招标文件要求提交投标文件的截止时间前,可以补充、修改或者撤回已提交的投标文件,并书面通知招标人。投标人应当在招标文件要求提交投标文件的截止时间前,将投标文件送达投标地点。在招标文件要求提交投标文件的截止时间后送达的投标文件,招标人应当拒收。招标人收到投标文件后,应当签收保存,不得开启。

(三)投标相关处罚规定

投标人相互串通投标或者与招标人串通投标的,投标人以向招标人或者评标委员会成员行贿的手段谋取中标的,中标无效,处中标项目金额千分之五以上千分之十以下的罚款,对单位直接负责的主管人员和其他直接责任人员处单位罚款数额百分之五以上百分之十以下的罚款;有违法所得的,并处没收违法所得;情节严重的,取消其一年至二年内参加依法必须进行招标的项目的投标资格并予以公告,直至由工商行政管理机关吊销营业执照;构成犯罪的,依法追究刑事责任。给他人造成损失的,依法承担赔偿责任。

投标人以他人名义投标或者以其他方式弄虚作假,骗取中标的,中标无效,给招标人造成损失的,依法承担赔偿责任;构成犯罪的,依法追究刑事责任。尚未构成犯罪的,处中标项目金额千分之五以上千分之十以下的罚款,对单位直接负责的主管人员和其他直接责任人员处单位罚款数额百分之五以上百分之十以下的罚款;有违法所得的,并处没收违法所得;情节严重的,取消其一年至三年内参加依法必须进行招标的项目的投标资格并予以公告,直至由工商行政管理机关吊销营业执照。

三、开标

开标应当在招标文件确定的提交投标文件截止时间的同一时间公开进行；开标地点应当为招标文件中预先确定的地点。开标由招标人主持，邀请所有投标人参加。

开标时，由投标人或者其推选的代表检查投标文件的密封情况，也可以由招标人委托的公证机构检查并公证；经确认无误后，由工作人员当众拆封，宣读投标人名称、投标价格和投标文件的其他主要内容。招标人在招标文件要求提交投标文件的截止时间前收到的所有投标文件，开标时都应当当众予以拆封、宣读。开标过程应当记录，并存档备查。

四、评标

评标由招标人依法组建的评标委员会负责。依法必须进行招标的项目，其评标委员会由招标人的代表和有关技术、经济等方面的专家组成，成员人数为五人以上单数，其中技术、经济等方面的专家不得少于成员总数的三分之二。评标专家应当从事相关领域工作满八年并具有高级职称或者具有同等专业水平，由招标人从国务院有关部门或者省、自治区、直辖市人民政府有关部门提供的专家名册或者招标代理机构的专家库内的相关专业的专家名单中确定；一般招标项目可以采取随机抽取方式，特殊招标项目可以由招标人直接确定。与投标人有利害关系的人不得进入相关项目的评标委员会；已经进入的应当更换。评标委员会成员的名单在中标结果确定前应当保密。

测绘项目进行招标时，评标委员会由招标单位与当地测绘主管部门和工商行政管理部门组成。重大测绘项目的评标委员会由省级以上测绘主管部门和工商行政管理部门及有关专家组成。

评标委员会可以要求投标人对投标文件中含义不明确的内容作必要的澄清或者说明，但是澄清或者说明不得超出投标文件的范围或者改变投标文件的实质性内容。评标委员会应当按照招标文件确定的评标标准和方法，对投标文件进行评审和比较；设有标底的，应当参考标底。评标委员会完成评标后，应当向招标人提出书面评标报告，并推荐合格的中标候选人。评标委员会经评审，认为所有投标都不符合招标文件要求的，可以否决所有投标。依法必须进行招标的项目的所有投标被否决的，招标人应当依照招投标法重新招标。

评标委员会成员应当客观、公正地履行职务，遵守职业道德，对所提出的评审意见承担个人责任。评标委员会成员不得私下接触投标人，不得收受投标人的财物或者其他好处。评标委员会成员和参与评标的有关工作人员不得透露对投标文件的评审和比较、中标候选人的推荐情况以及与评标有关的其他情况。

评标委员会成员收受投标人的财物或者其他好处的，评标委员会成员或者参加评标的有关工作人员向他人透露对投标文件的评审和比较、中标候选人的推荐以及与评标有关的其他情况的，给予警告，没收收受的财物，可以并处三千元以上五万元以下的罚款，对有所列违法行为的评标委员会成员取消担任评标委员会成员的资格，不得再参加任何依法必须进行招标的项目的评标；构成犯罪的，依法追究刑事责任。

招标人应当采取必要的措施，保证评标在严格保密的情况下进行。任何单位和个人不得非法干预、影响评标的过程和结果。招标人根据评标委员会提出的书面评标报告和推荐的中标候选人确定中标人。招标人也可以授权评标委员会直接确定中标人。

五、中标

中标人的投标应当符合下列条件之一：

(1)能够最大限度地满足招标文件中规定的各项综合评价标准；

(2)能够满足招标文件的实质性要求，并且经评审的投标价格最低；但是投标价格低于成本的除外。

招标人在评标委员会依法推荐的中标候选人以外确定中标人的，依法必须进行招标的项目在所有投标被评标委员会否决后自行确定中标人的，中标无效，责令改正，可以处中标项目金额千分之五以上千分之十以下的罚款；对单位直接负责的主管人员和其他直接责任人员依法给予处分。

在确定中标人前，招标人不得与投标人就投标价格、投标方案等实质性内容进行谈判。中标人确定后，招标人应当向中标人发出中标通知书，并同时将中标结果通知所有未中标的投标人。中标通知书对招标人和中标人具有法律效力。中标通知书发出后，招标人改变中标结果的，或者中标人放弃中标项目的，应当依法承担法律责任。招标人和中标人应当自中标通知书发出之日起三十日内，按照招标文件和中标人的投标文件订立书面合同。招标人和中标人不得再行订立背离合同实质性内容的其他协议。招标文件要求中标人提交履约保证金的，中标人应当提交。

依法必须进行招标的项目，招标人应当自确定中标人之日起十五日内，向有关行政监督部门提交招标投标情况的书面报告。中标人应当按照合同约定履行义务，完成中标项目。中标人不得向他人转让中标项目，也不得将中标项目肢解后分别向他人转让。中标人按照合同约定或者经招标人同意，可以将中标项目的部分非主体、非关键性工作分包给他人完成。接受分包的人应当具备相应的资格条件，并不得再次分包。中标人应当就分包项目向招标人负责，接受分包的人就分包项目承担连带责任。

中标人将中标项目转让给他人的，将中标项目肢解后分别转让给他人的，违反法律规定将中标项目的部分主体、关键性工作分包给他人的，或者分包人再次分包的，转让、分包无效，处转让、分包项目金额千分之五以上千分之十以下的罚款；有违法所得的，并处没收违法所得；可以责令停业整顿；情节严重的，由工商行政管理机关吊销营业执照。

招标人与中标人不按照招标文件和中标人的投标文件订立合同的，或者招标人、中标人订立背离合同实质性内容的协议的，责令改正；可以处中标项目金额千分之五以上千分之十以下的罚款。

中标人不履行与招标人订立的合同的，履约保证金不予退还，给招标人造成的损失超过履约保证金数额的，还应当对超过部分予以赔偿；没有提交履约保证金的，应当对招标人的损失承担赔偿责任。中标人不按照与招标人订立的合同履行义务，情节严重的，取消其二年至五年内参加依法必须进行招标的项目的投标资格并予以公告，直至由工商行政管理机关吊销营业执照。

《测绘市场管理暂行办法》规定，测绘项目承包方必须以自己的设备、技术和劳力完成所承揽项目的主要部分。测绘项目的承包方可以向其他具有测绘资质的单位分包，但分包量不得大于该项目总承包量的百分之四十，将项目的关键部分或者主体部分分包出去，或者分包量超过百分之四十的就属于违法分包。

任务三 测绘工程项目实施

测绘项目立项、招标投标完成后，进入项目实施阶段。测绘项目实施即是根据项目类型、工作内容、难易程度及工期、技术和质量等要求，确定需要投入的项目管理人员、技术人员、质量控制人员以及专业仪器设备，并对项目实施进度、成果质量进行监督控制，以保质保量地完成项目合同中所要求的所有测绘任务。

一、测绘项目资源配置

（一）人员配置

1. 机构组建

测绘单位多采用院、队、作业小组三级管理体制，其组织结构如图 4-1 所示。在不另行组建机构的情况下，可直接将项目实施计划下达原有机构组织实施；或者根据任务的实际情况，适当调整、改组原有机构，再将项目实施计划交其组织实施。

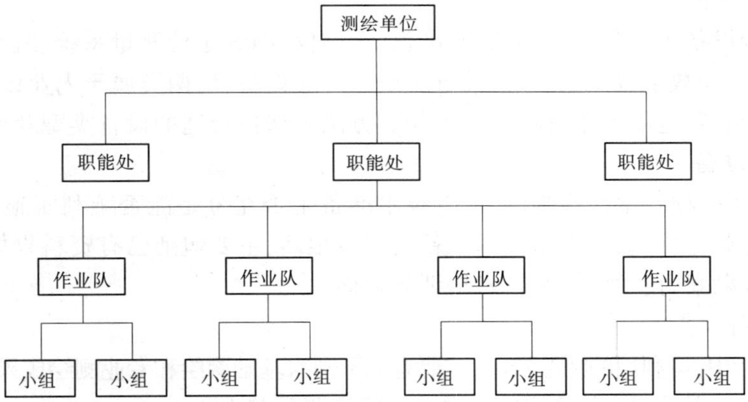

图 4-1 测绘单位组织结构

对一些特殊的测绘工程项目，当原有的测绘建制单位不能独立完成时，则要专门建立临时性机构组织实施。新建制机构必须具备符合任务需要、有编制定额、有仪器装备保障等条件。设置建制机构，实行统一领导、分级实施审批。新设机构的报批文件内容主要包括拟设置机构的规范性名称、基本任务、职责范围、权力界限、内部组织、编制定额和组建理由等，临时建制机构还应包括管理方式和资金来源。

2. 人员配置

测绘项目人员配置分为项目负责人、生产管理组、技术管理组、质量控制组、后勤服务部门。

1）项目负责人

项目负责人一般由院长（总经理）担任，全面负责本项目生产计划的实施、技术管理、质量控制、测绘资料的安全保密管理等工作。

2）生产管理组

（1）项目生产负责人一般由生产院长（项目经理）担任，全面负责整个项目的工作，包括经费控制、进度控制、质量控制、人员管理等工作。

(2)中队生产负责人一般由中队长担任,全面负责整个中队的生产工作,也包括经费控制、进度控制、质量控制、人员管理等工作。

(3)作业组生产负责人一般由各生产作业组长担任,主要负责作业组的进度、质量和人员管理,一般不负责经费管理。

3)技术管理组

(1)项目技术负责人一般由总工担任,是测绘项目的最高技术主管,负责整个项目的技术工作。

(2)中队技术负责人一般由中队工程师担任,全面负责整个中队的技术工作。

(3)作业组技术负责人一般由各生产作业组工程师担任,负责全组的技术工作,也可兼任作业员。

4)质量控制组

一般由质量控制部门负责对每一道工序进行质量检查。

5)后勤服务部门

后勤服务部门主要负责资料管理、设备管理、安全保障和后勤保障等相关工作。

(二)设备配备

当前,测绘设备主要包括经纬仪、水准仪、全站仪、GPS定位测量系统、航空摄影机、数字摄影测量工作站和数字成图系统等,前五类属于外业设备,后两类属于内业设备。测绘项目要根据其项目类型、范围大小、技术路线、作业方法等选择合适的设备类型及台(套)数。

(三)技术准备

测绘生产是一项技术性很强的工作,技术准备是否充分是能否顺利实施测绘工程项目的重要保障。测绘生产组织实施技术准备的内容很多,主要包括已有资料收集、已有资料分析与利用、测区勘察、技术设计和技术培训等方面。

1. 已有资料收集

在测绘生产中,可利用的测绘资料,主要有以下国家基础测绘和专业测绘成果、成图资料:

(1)全国统一的大地、高程、海深、重力等国家测量基准;

(2)国家天文大地网和国家、地方测量控制网点成果;

(3)全国范围覆盖的国家或军用基本比例尺地图、影像图及其数字产品;

(4)基础地理信息系统;

(5)航空摄影和航天摄影获取的基础地理信息遥感资料;

(6)国家标准地名图、地名录;

(7)交通图、植被分布图、土地利用图、矿产分布图及其他有关资料等。

2. 已有资料分析与利用

已有测绘成果主要有测量控制点、航空摄影图像、地图和文件等形式。因不同行业、不同部门所采用的测绘技术标准不同,施测的时间不同,只有对测绘成果进行客观全面的分析后,才能确定其是否可以利用及其利用的程度。

对测区已有大地测量控制点资料,应当查明施测单位、作业方法、作业所依据的测绘基准与规范,以及等级、平面位置精度、高程精度、点位分布及其测量标志的完好情况等。

对航空摄影图像,应查明航摄单位、航摄机的型号与内方位元素、航摄感光胶片的型号与其他技术参数。若是数字影像,则应查明其像元大小、空间分辨率、波谱段、灰度等级、获取图像时外方位控制和记录的精度等。对像片控制点主要了解和分析测量精度、布点方式和点位分布,以及刺点目标影像特征与地形变化的情况等。

对已有地形图和各种专题图,主要查明和分析其精度、所采用的测量或编绘技术标准与图式规范,以及地图要素的现势性等。

通过测区测绘资料的分析,应对收集到测绘成果资料的质量和现势性程度做出客观评价,并明确指出哪些资料可以直接利用、哪些可以部分利用、哪些仅能作为测绘过程中的参考等,为技术设计提供科学依据。

3. 测区勘察

测区勘察是指通过到测区进行实地调查,收集测区的地理、气象、交通运输、政治经济和已有测绘成果成图资料等情况,为技术设计和制订实施计划提供依据。测区勘察一般按下述步骤进行。

1)勘察的组织

测区勘察,一般是由有经验的工程技术人员组成勘察小组,按勘察计划组织实施。勘察计划主要包括调查目的与方法、调查内容提纲、调查行进线路和要求等。勘察路线选择,应能够将测区有代表性的地物地貌地段包括在调查路线中。

2)测区勘察实施

勘察小组在出发以前,应办理测区所在地省、自治区、直辖市的公函。到达测区后,首先与当地政府联系,汇报即将进行的测绘任务情况,并请求地方政府协助解决相关事宜,然后由当地政府介绍到交通、水利、气象、国土资源等部门了解情况,收集有关资料,并协商办理有关具体事项。

野外勘察应按计划路线和调查提纲进行。调查工作应在现场进行即时记录、分析、归纳。若为完成测图任务所进行的勘察,还要制作典型地物地貌样图或图像判绘样片。

3)勘察报告的编写

外业勘察结束后,应及时编写勘察报告。勘察报告的内容主要包括以下部分:

(1)勘察小组组成与分工,土质等自然地理情况;

(2)测区一年四季的风、雨、雪、气温、气压等气象气候情况;

(3)测区的水、陆、空交通运输情况,特别是公路的分布情况;

(4)测区内民族、民俗、物资供应和社会治安等情况,并提出外业工作驻地的建议;

(5)测区已有测绘资料数量与质量、测量控制点标志完好程度及其可利用的意见等。

测区勘察完成后,应提交勘察报告、收集的资料和制作的样图或样片。

4. 技术设计

技术设计是测绘生产实施的第一道工序,是决定测绘成果成图质量、提高生产管理水平的重要环节。技术设计是根据测绘项目的具体任务对技术标准的运用与补充,对提高作业效率和保证产品质量有重要的意义。测绘任务的实施,应坚持先设计后生产,不允许边设计边生产,禁止没有设计进行生产。技术设计书应按测绘主管部门的有关规定经过审核批准,方可付诸执行,该部分内容将在项目五中作详细介绍。

5. 技术培训

由于社会生产力快速发展,测绘科学技术日新月异,为提高测绘技术人员适应外部环境变化的能力,就必须重视技术培训。技术培训的目的是提高作业人员的技术素质。技术培训对于采用新的作业方法、新的工艺、新的测区、新上岗的人员则更为重要。技术培训的方式主要是组织进行技术学习。学习的主要内容包括有关测绘技术标准,如测绘法律法规、测量规范、地图图式等。

在分散作业前,根据实施任务情况,有时还集中组织"战前练兵",也就是正式作业前的试生产,以进一步熟悉作业程序、提高作业技能、统一作业方法、统一技术标准和要求,为项目的实施做好技术准备。通过试生产,还可以检验技术设计方案的可行性,并对不合理之处及时进行修改,使其更加科学和完善。

(四)资金和物质准备

做好充分的资金和物质准备,也是测绘工程项目顺利实施的必要条件之一。测绘部门要按单位分配的资金定额,精打细算,制定切实可行的节约措施,合理使用业务经费,保证业务经费到位,使业务经费发挥最大的测绘效益,保证任务的顺利完成。

测绘的物质准备主要包括仪器、器材、交通工具和生活办公用品等。根据任务要求,申请、采购、发放、领取仪器及相关设备,并进行必要的检验校正,科学编制交通运输计划(所需车辆数、油料指标、加油点位置和维修等),并报上级主管部门审批。

(五)思想准备

测绘工程项目的具体工作都是由相关的测量技术人员去完成的,在实施前,应通过各种途径和方法让全体参与实施的人员对所要进行的测量工作有一个全面、正确的认识,明确干什么、为什么干、怎样干,从而达到齐心协力地去实现测量目标的目的。

认识指导行动,认识越深刻,行动就越自觉有效。测绘技术人员蕴藏着极大的工作热情,但只有知道了工作的目的、意义,其主动性、创造性才会得到极大发挥。思想准备的具体形式有很多,如会议动员、宣传材料、标语、口号、广播、谈话等。

二、测绘工程项目的实施管理

测绘项目的实施管理是对测绘生产过程进行有效控制,保证测绘生产按照生产进度计划正常进行,最终使测绘成果能够满足项目委托方的要求,创造最大的经济效益与社会效益,主要包括工程进度控制、资金预算控制和质量控制。

(一)工程进度控制

1. 人员的控制监督

(1)作业现场组织机构(如生产管理部门、质量检查部门、后勤保障部门)是否齐全,是否与投标方案中拟定的组织结构一致。

(2)作业现场的主要作业人员是否与投标文件中拟定的参与项目生产的人员相一致,人员数量、素质能否满足实际工作的要求,是否经过岗位培训。

2. 仪器设备的控制监督

(1)投入生产使用的仪器设备是否与开工前准备使用的仪器一致。

(2)作业现场仪器设备总量能否满足本项目工作的需要。

(3)生产作业所应用的仪器设备是否经过测绘仪器计量部门的检定,检定结果是否符合要求。

(4)所使用的数据处理和成图软件等能否符合项目委托方的要求。

3. 完成进度与计划符合情况的控制监督

(1)进度安排是否符合测绘项目总进度计划和各个工序分目标的要求,是否符合合同中规定的开工、竣工时间。

(2)实施阶段总进度计划中的项目是否有遗漏,测绘工程准备阶段的时间是否满足整体开工的必要配备条件。

(3)各工序安排是否合理,是否符合生产工艺的要求。

(4)总包、分包分别编制的实施阶段进度计划是否相协调,各项分工与计划是否合理。

(5)对于项目委托方需要提供的施工条件(资金、基础资料等),在测绘实施阶段进度计划中安排得是否明确、合理,是否有造成因项目委托方违约而导致工程延期的可能。

4. 影响生产进度完成的因素

(1)在估计项目的特点及项目实现的条件时,过高或过低地估计了有利因素。例如资金的保障情况、测区内的作业条件等。

(2)在项目实施过程中各有关方面工作上的失误。例如项目委托方设计要求的变更、作业顺序的调整等。

(3)不可预见事件的发生,包括政治、经济及自然等方面事件。

(二)资金预算控制

1. 资金控制的含义

资金控制不是单一的目标控制,而是与质量控制、进度控制同步进行的;资金控制应具有全面性,项目的全部费用都应纳入控制范围;坚持技术与经济相结合的措施,力争做到经济指标合理基础上的技术先进、技术指标先进条件下的经济合理。

2. 资金控制的内容

测绘项目的资金控制管理贯穿于项目实施的全过程,主要包括如下内容:

(1)分析测绘项目资金预算的科学合理性。资金预算要符合项目本身的特点,涵盖整个测绘项目的全部费用。

(2)检查资金预算执行与工程进度的符合性。资金预算的执行应随着工程进度的推进而逐步执行。工程实施的每个阶段的资金执行情况都应符合最初的资金预算成本。若出现偏差应及时调整,以使得项目资金的实际支出与预算尽量符合。当有不可抗力情况出现或测绘项目计划调整较大,预算资金需要进行调整时,可将调整后的预算资金方案上报项目委托方,经项目委托方批准后,执行新的资金预算方案。

(3)核查资金预算执行内容的完整性。测绘项目的全部费用应纳入执行范围,不能出现项目支出漏项。测绘项目资金执行要包含生产成本和经营成本测算,以及各个项目工序的预算资金测算,并与资金预算总额保持一致。

(三)质量控制

1. 质量控制的重要性

测绘工程项目实施阶段的质量控制是测绘项目质量控制的重点,它由生产单位对该项目的预期投入(包括人员、设备、作业环境等)、组织生产过程和生产出来的测绘成果进行全过程的控制,以期按标准达到预定的成果质量目标。质量控制的重要性主要体现在以下几个方面:

(1)质量控制是项目委托方投资得以最快收益的前提。

(2)质量控制是保证生产单位提供满足项目委托方要求成果的有力保障。

(3)质量控制有利于生产进度计划的顺利实施。

2. 质量控制的依据

(1)测绘合同;

(2)经审批的技术设计书或作业指导书;

(3)国家及地方政府颁布有关测绘的法律法规和规范性文件;

(4)有关的国家标准、行业标准和地方标准。

3. 质量控制的方法

(1)试生产试验。生产开工时要做好"第一幅图"试生产试验。通过试生产试验,完善作业、检查流程,加强过程检查的质量控制,保证各生产过程均处于受控状态,为后续项目的大规模展开提供可靠的生产、技术流程与质量控制的依据。

(2)工序成果质量控制。工序成果泛指测绘生产过程中各工序生产出来的阶段性成果,该成果可能是测绘最终成果的组成部分,也可能是生产过程的一个过程产品。

工序质量的检查检验,就是对工序操作及其完成产品的质量进行及时检查,并将所检查的结果同该工序的质量特性的技术标准进行比较,从而判断是否合格或优良。只有作业过程中的中间产品质量都符合要求,才能保证最终测绘成果的质量满足要求。

(3)二级检查。指测绘单位作业部门的过程检查和测绘单位质量管理部门的最终检查。作业人员必须自检;作业人员之间进行互检;不同工序之间的材料交接和转换必须进行交接检查;检查出来的问题及其处理要有相应的整改记录。

(4)一级验收。由项目发包单位或其委托的成果质量检验单位对测绘成果进行验收。

案例分析与练习题

【案例分析】

请根据以下所给资料信息及工作任务,列出承揽该工程的单位组织机构、调查队伍组成、技术路线及作业流程。

已有资料:

一、××城镇地籍更新调查工作方案基本情况概述

(一)地理位置(略)

(二)工程项目基本情况(略)

二、作业依据

(1)《河南省城镇地籍更新调查实施方案》(豫国土资发〔2005〕90号)。

(2)《河南省城镇地籍更新调查技术规程》(豫国土资发〔2006〕153号)。

(3)《土地利用现状分类》(GB/T 21010—2017)。

(4)《国家基本比例尺地图图式 第1部分 1:500 1:1 000 1:2 000 地形图图式》(GB/T 20257.1—2017)。

(5)《全球导航卫星系统(GNSS)测量规范》(GB/T 18314—2024)。

(6)《基础地理信息要素分类与代码》(GB/T 13923—2022)。

(7)《城市测量规范》(CJJ/T 8—2011)。

(部分略)

三、主要工作任务

按照省、市文件要求根据××实际情况,××采用全野外数字测量法完成××城镇地籍更新调查工作。依据《河南省城镇地籍更新调查技术规程》(豫国土资发〔2006〕153号)要求,本次调查的主要任务分以下几方面:

(一)权属调查工作。

(1)权属调查工作。

(2)土地利用情况调查工作。

(二)全野外数字化成图。

(1)完成加密控制测量及图根控制测量工作。

(2)1:500数字线划图外业采集。

(三)全野外数字测量法测量界址点。

(四)1:500地籍图的制作。

(五)城镇地籍数据库的建立。

(1)数据录入及数据库建立。

(2)面积量算与汇总统计。

(六)文字报告的编写。

【练习题】

1. 测绘工程项目立项审核的内容包括哪些?

2.《测绘市场管理暂行办法》中对测绘工程项目分包的规定有哪些?

3. 测绘工程项目质量控制的依据主要有哪些?

项目五课件

项目五　测绘工程生产管理

项目概述

本项目根据测绘地理信息项目的类型、工作内容、难易程度及工期、技术和质量等要求，确定需要投入的项目管理人员，质量控制人员及专业仪器、设备，并依据项目要求和技术设计，对项目实施进度、作业过程质量、各工序成果进行监督控制。

学习目标

知识目标：①掌握测绘工程项目立项审查的内容；②掌握招投标的相关要求；③掌握测绘工程项目实施开工前的准备工作。

能力目标：会做测绘工程项目实施工程进度控制、资金预算控制和质量控制等。

素质目标：避免资源浪费，提高地理信息资源和公共财政资金的使用效率。

任务一　测绘项目组织

测绘项目组织在测绘项目整个过程中十分重要，组织好坏直接决定了项目的成本、工期、质量。

一、项目组织结构

项目组织结构如图 5-1 所示。

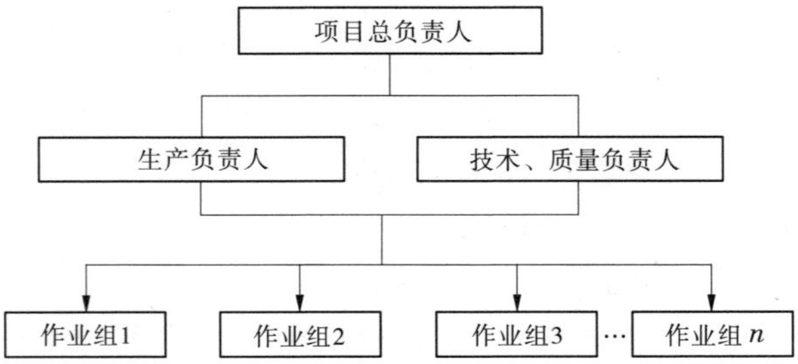

图 5-1　项目组织结构图

二、资源配置

项目应配置合适的人员和设备，这是完成项目的两个主要条件。

(一)人员配置

1. 项目负责人

项目负责人全面负责项目生产计划的实施、技术管理、质量控制、资料安全保密管理等工作。

2. 生产管理组

生产管理组一般分以下三个层次：

(1)项目生产负责人。全面负责整个项目的包括经费控制、进度控制、质量控制、人员管理等工作。

(2)中队生产负责人。负责中队的经费控制、进度控制、质量控制、人员管理等工作。

(3)作业组生产负责人。负责包括进度控制、质量控制、人员管理等工作。

3. 技术管理组

技术管理组分以下三个层次：

(1)项目技术负责人。是项目的最高技术主管，负责整个项目的技术工作。

(2)中队技术负责人。全面负责中队的技术工作。

(3)作业组技术负责人。作业组是最基本的作业单位，技术负责人由组长兼任，负责全组的技术工作，是非脱产的岗位。

4. 质量控制组

质量控制组一般由质量管理部门负责，对每道工序进行质量检查。

5. 后勤服务部门

后勤服务部门负责包含资料管理、设备管理、安全保障、后勤保障等工作。

(二)设备配置

要根据项目需求配置适合的设备，包括外业设备、内业设备及其他辅助材料工具等。

三、进度控制

进度控制基本分为资源控制、进度控制和分析与改进三方面。

(一)资源控制

1. 人力资源控制

人力资源控制包括作业现场组织结构体系、作业人员及培训情况。

(1)作业现场组织结构应齐全，并应与投标方案中拟订的一致。

(2)主要作业人员应与投标文件一致，保证能正常生产。

(3)配置的人员数量、素质是否满足实际工作需要。

(4)主要管理人员、技术人员是否能履行职责。

(5)作业人员需经过岗位培训。

2. 设备资源控制

设备是生产的基本工具，仪器设备是否符合要求直接影响测绘成果的质量，作业中应对设备的落实进行必要的控制。

(1)投入使用的设备与准备的设备是否一致。

(2)作业现场的设备总数是否满足项目工作的需要。

(3)作业的设备是否经过检定，检定结果是否符合要求，要对检定证书100%检查。

(4)生产人员是否具备操作设备的能力,如仪器的使用方法,数据的记录、判读、处理等。

(5)作业使用的平差软件、数据处理及成图软件是否符合委托方的要求。

(二)进度控制

进度控制是指项目各阶段的工作内容、工作程序、持续时间和衔接关系编制计划,在实施中要经常检查实际进度与计划进度的偏差,有针对性地采取措施。进度计划符合情况的主要内容有:

(1)进度计划是否符合项目总目标和各工序目标的要求,与合同的开工、竣工时间是否一致。

(2)总的进度计划中的项目是否有遗漏。

(3)工序安排是否合理,是否符合生产工艺的要求。

(4)在各进度计划实施中是否有负责人。

(5)委托方提供的施工条件是否明确合理,是否有因委托方的原因而导致工期延误的可能。

(三)分析与改进

1.影响进度按计划完成的因素

(1)在估计项目的特点和项目实现条件时,过高或过低估计了有利因素。如资金保障、测区的作业条件等。

(2)在项目实施过程中工作上的失误。如设计要求的变更、作业顺序的调整等。

(3)不可预见事件的发生,包括政治的、经济的、自然的等。

2.影响进度因素的分析和有效改进

要对影响进度的各种因素进行分析,找出问题的原因,制定措施,协调各方力量控制影响因素。若原计划不能适应实际情况,必须及时做出调整形成新的进度计划,作为控制进度的新依据。

四、资金预算控制

资金控制是在整个测绘项目实施阶段开展的一项管理活动,力求在保证质量和进度的同时使项目的实际投入不超过计划预算。它包含三层意思:

(1)资金控制与质量控制、进度控制同步。

(2)资金控制应具有全面性,将项目的全部费用纳入控制范围。

(3)坚持技术与经济相结合的措施,做到经济指标合理基础上的技术先进,技术指标先进条件下的经济合理。

资金的控制应贯穿于项目的全过程,一方面促进施工单位加强管理充分利用资源,另一方面防止资金运用突破预算。

(一)项目预算的科学性、合理性

项目预算主要包含生产成本和经营成本,要全面、科学、合理,应根据不同项目的特点和要求核算成本。

(二)预算的执行与进度的符合性

预算的执行随工程进度的推进逐步执行,实施到每个阶段都应核算资金的执行情况是否与预算成本相符,出现偏差及时调整。

(三)预算的执行的完整性

预算的执行应将项目的全部费用纳入执行范围,应包含各个工序资金测算,生产成本及经营成本测算,不能出现支出漏洞,总和应与预算总额一致。

五、质量控制

测绘项目质量是指能够满足用户或社会需要的由合同、技术标准、设计文件、作业规范等详细设定其适用、安全、经济、美观等特性要求的项目实体质量与施工各阶段、各环节的工作质量的总和。项目质量是项目成功的基础。

测绘项目实施阶段是形成最终产品的最重要阶段,质量控制是测绘项目目标的核心,是测绘工作的重点和核心,是项目质量控制的重点,是资金控制和进度控制的具体体现。

质量控制是一个设定标准、测量结果、判定是否达到预期要求、对质量问题采取措施进行矫正、补救,并防止再发生的过程。生产过程质量控制的核心是工序质量控制。

质量控制是质量管理的一部分,是满足顾客、法律、法规等所提出的质量要求,是围绕产品形成过程每一阶段的工作,对人和设备等因素进行控制,使对产品质量有影响的各个过程都处于受控状态,提供符合规定要求的测绘成果。从而得出质量控制的重要性如下:

(1)是获得最快收益的前提。

(2)是提供满足要求成果的有力保障。

(3)有利于生产进度计划的顺利实施。

(4)是目标控制的核心。

(一)质量控制的基本依据

(1)项目合同文件:测绘合同。

(2)设计文件:经审批的技术设计书或作业指导文件。

(3)法律、法规和规范:国家、行业及地方颁布的法律、法规和规范。

(4)质量检查检验的标准:国家、行业、地方和企业标准等。

(二)质量控制的原则

根据ISO 9000族标准,质量管理应遵循以下八项原则:

(1)以顾客为关注焦点。

(2)领导作用原则。

(3)全员参与原则。

(4)过程方法原则。

(5)系统方法原则。

(6)持续改进原则。

(7)基于事实的决策方法原则。

(8)互利的供方关系原则。

作为项目质量管理不仅要坚持质量管理的八项原则,还应遵循质量控制的五项原则:

(1)坚持质量第一、用户至上的原则。

(2)以人为控制核心的原则。

(3)预防为主的原则。

(4)坚持质量标准,严格检查,一切用数据说话的原则。

(5)恪守职业道德,强化质量责任的原则。

(三)质量控制的内容

(1)人员。

(2)设备。

(3)作业环境。

(4)过程产品。

(5)最终产品。

(四)质量控制的方法和手段

1. 建立质量管理体系,实施全过程、全方位控制,即基于制度的管理方法

前面说过质量控制是质量管理的一部分。开展质量管理活动应依据本单位质量管理体系文件和国家及地方相关的法律、法规等。质量管理体系所有文件都与质量管理有关,是对质量管理的全过程、全方位制定的各种责任制度、过程管理制度、文件制度、目标制度等,它包括质量方针、质量目标、各种程序文件、质量计划、各种规范和作业标准、各种记录,应根据质量管理的不同阶段、不同过程、不同内容执行相应的体系文件,实行全员参与,对所有工作实行有效管理。

工程实施阶段质量管理应基于管理体系文件中直接涉及质量管理的文件作为方法和手段,这些文件主要包括以下几个:

(1)测绘工程实施管理办法。

(2)记录控制程序。

(3)纠正措施控制程序。

(4)不合格品控制程序。

(5)数据分析管理办法。

(6)产品监视和测量管理办法。

(7)监视和测量装置控制办法。

(8)预防措施控制程序。

2. "二级检查、一级验收"制度

根据测绘项目的特点,质量控制的一个重要方法是"二级检查、一级验收"制度。《测绘成果质量检查与验收》4.1条规定:测绘成果应依次通过测绘单位作业部门的生产过程(或称工序)检查、测绘单位质量管理部门的最终检查和项目管理单位组织的验收或委托具有资质的质量检验机构进行质量验收。

过程检查:质检人员对作业组生产的产品所进行的第一次全面检查。

最终检查:在过程检查的基础上,质检人员对产品进行的再一次全面检查。

验收:为判断受检批能否符合要求(或能否被接受)而进行的检验。

1)工序(过程)成果质量控制

工序成果泛指测绘生产过程中各工序生产出来的阶段性成果,该成果可能是测绘最终成果的组成部分,也可能是一个过程产品。

工序质量的控制就是利用一定的方法和手段对工序操作及完成的产品质量进行实际而及时的检查,判断其是否合格或优良。而控制的方法和手段主要是质量管理体系文件。例

如，依据“产品监视和测量管理办法”对生产过程进行监视和测量，对监视和测量的数据按“数据分析管理办法”进行统计分析，从而提出预防措施或纠正措施，再分别按“预防措施控制程序”和“纠正措施控制程序”分别实施，如果出现不合格品，按照“不合格品控制程序”处理。

2）二级检查

测绘生产单位要进行自检与专检的二级检查，是过程检查的重要内容，主要体现在以下几个方面：

（1）参与测绘生产的作业员在作业结束后必须进行自检。

（2）不同作业员之间必须把经自检合格的产品进行互检。

（3）不同工序之间的材料交接和转换必须有相关人员进行交接检查。

（4）测绘单位要设置专职检查机构和专职检查人员进行专检。

（5）各个级别检查出的问题的处理办法和意见，要有相应的整改记录。

3）最终检查

最终检查一般是在测绘项目完成后由测绘单位质量管理部门进行的检查，检查按《数字测绘成果质量检查与验收》或《测绘成果质量检查与验收》、设计书等有关规定执行。

《测绘成果质量检查与验收》4.1 条规定：

（1）过程检查采用全数检查，最终检查一般采用全数检查，涉及野外检查项的可采用抽样检查，样本以外的应实施内业全数检查。

（2）各级检查工作应独立完成、按顺序进行，不得省略、代替或颠倒顺序。

（3）最终检查要审核过程检查的记录，审核发现的问题作为资料质量错漏处理。

4）一级验收

由业主委托的测绘质量检验部门对测绘成果质量进行验收，验收按设计书、《数字测绘成果质量检查与验收》或《测绘成果质量检查与验收》等有关规定执行。

3. 试生产试验（首件产品质量检验）

《测绘生产质量管理规定》“第四章　生产作业过程的质量管理”中第十七条规定“重大测绘项目应实施首件产品的质量检验，对技术设计进行验证”。据此，对一些大型的或重大的测绘项目应进行“第一幅图”的试生产试验工作。通过生产及时发现作业过程中出现的技术问题，提出合理的解决方案和措施。质检人员要对“第一幅图”进行生产过程检查和最终检验，及时发现检查中出现的质量问题，提出改进建议，从而验证技术设计的适用性，修正设计的缺陷，完善作业流程和检查流程，为大规模的展开提供可靠的生产、技术流程和质量控制的依据，对项目按计划、有序的顺利实施及整个项目的质量保证都有重要意义。

任务二　测绘安全生产管理

一、测绘生产作业人员安全管理

测绘生产单位应坚持安全第一、预防为主、综合治理的方针，遵守《中华人民共和国安全生产法》等有关安全法律、法规，建立、健全安全生产管理机构、安全生产责任制度和安全保障及应急救援预案；配备相应的安全管理人员，完善安全生产条件，强化安全生产教育培训,加强安全生产管理,确保安全生产。

(一)测绘外业生产安全管理

测绘作业单位应根据各部门、各工种和作业区域的实际特点,研究分析作业环境,评估安全生产潜在风险,制定安全生产细则,指导规范职工安全生产作业。

1. 出测、收测前的准备

(1)针对生产情况,对进入测区的所有作业人员进行安全意识教育和安全技能培训。

(2)了解测区有关危害因素,包括动物、植物、微生物、流行传染病、自然环境、人文地理、交通、社会治安等状况,拟订具体的安全生产措施。

(3)按规定配发劳动防护用品,并根据测区具体情况添置必要的小组及个人的野外救生用品、药品、通信或特殊装备,并应检查有关防护及装备的安全可靠性。

(4)掌握人员身体健康情况,进行必要的身体健康检查,避免作业人员进入与其身体状况不适应的地区作业。

(5)组织赴疫区、污染区和有可能散发毒性气体地区作业的人员学习防疫、防毒、防污染知识,并注射相应的疫苗和配备防毒、防污染装具。对于发生高致病的疫区,应禁止作业人员进入。

(6)所有作业人员都应该熟练使用通信、导航定位等安全保障设备,以及掌握利用地图或地物、地貌等判定方位的方法。

(7)出测、收测前,应制订行车计划,对车辆进行安全检查,严禁疲劳驾驶。

2. 行车

1)基本要求

(1)驾驶员应严格遵守《中华人民共和国道路交通安全法》等有关的法律、法规以及安全操作规程和安全运行的各种要求;具备野外环境下驾驶车辆的技能,掌握所驾驶车辆的构造、技术性能、技术状况、保养和维修的基本知识或技能。

(2)驾驶员应了解所运送物品的性能,保证人员和物品的安全。运送易燃易爆危险品时,应防止碰撞、泄漏,严禁危险物品与人员混装运送。

(3)货运汽车车厢内载人,应按公安交通部门的有关规定执行。行车时人要坐在安全位置上,人身不能超过车厢以外。车厢以外的任何部位严禁坐人和站人。

2)行车前的准备

(1)编制行车计划,明确负责人。单车行驶,应配有押车人员。

(2)外业生产车辆应配备必要的检修工具和通信设备。

(3)驾驶员应检查车辆各部件是否灵敏,油、水是否足够,轮胎充气是否适度;应特别注意检查传动系统、制动系统、方向系统、灯光照明等主要部件是否完好,发现故障即行检修,禁止勉强出车。

(4)机动车载货不得超过行驶证上核定的重量。运送的物资器材需装牢捆紧,其重量要分布均匀。

(5)在戈壁、沙漠和高原等人员稀少、条件恶劣的地区应采用双车作业,作业车辆应加固,配备适宜的轮胎,每车应有双备胎。

3)行车

(1)途中停车休息或就餐,应锁好车门,关闭车窗。

(2)夜间行车要保持灯光完好,降低行驶速度,充分判断地形及行进方向。

(3)遇有暴风骤雨、冰雹、浓雾等恶劣天气时应停止行车。视线不清时不准继续行车。

(4)在雨、雪或泥泞、冰冻地带行车时应慢速,必要时应安装防滑链,避免紧急刹车。遇陡坡时,助手或乘车人员应下车持三角木随车跟进,以备车辆下滑时抵住后轮。

(5)车辆穿越河流时,要慎重选择渡口,了解河床地质、水深、流速等情况,采取防范措施安全渡河。

(6)高温炎热天气行车应注意检查油路、电路、水温、轮胎气压;频繁使用刹车的路段应防止刹车片温度过高,导致刹车失灵。

(7)沙土地带行车应停车观察,选择行驶路线,低挡匀速行驶,避免中途停车。若沙土松软,难以通过,应事先采取铺垫等措施。

(8)高原、山区行车要特别注意油压表、气压表及温度表。气压低时应低挡行驶,少用制动,严禁滑行。遇到危险路段,如落石、滑坡、塌陷等,要仔细观察,谨慎驾驶。

3. 饮食

(1)禁止食用霉烂、变质和被污染过的食物,禁止食用不易识别的野菜、野果、野生菌菇等植物。禁止酒后生产作业。不接触和不食用死、病畜肉。禁止饮用异味、异色和被污染的地表水和井水。

(2)使用煤气、天然气等灶具应保证其连接件和管道完好,防止漏气和煤气中毒。禁止点燃灶具后离人。

(3)生熟食物应分别存放,并应防止动物侵害。

4. 住宿

1)室内住宿

(1)外业作业人员应尽量居住民房或招待所。对住所的房屋应进行安全性检查,了解住宿环境和安全通道位置。禁止入宿存在安全隐患的房屋。

(2)应注意用电安全。便携式发电机应置于通风条件下使用,做到人、机分开,专人管理。应防止发电机漏电和超负荷运行对人员造成伤害。

(3)使用煤油灯应安装防风罩。离开房间或休息时,应及时熄灭煤油灯或蜡烛。取暖使用柴灶或煤炉前应先进行检修,防止失火和煤气中毒。

(4)禁止在草料旁堆放油料、易燃物品,禁止在仓库、木料场、木质建筑以及其他易燃物体附近用火。料场、木质建筑以及其他易燃物体附近用火。

2)野外住宿

(1)备好防寒、防潮、照明、通信等生活保障物品及必要的自卫器具。

(2)搭设帐篷时应了解地形情况,选择干燥避风处,避开滑坡、觇标、枯树、大树、独立岩石、河边、干涸湖、输电设备及线路等危险地带,防止雷击、崩陷、山洪、高辐射等伤害。

(3)帐篷周围应挖排水沟。在草原、森林地区,周围应开辟防火道。

(4)治安情况复杂或野兽经常出没的地区,应设专人值勤。

5. 外业作业环境

1)一般要求

(1)应持有效证件和公函与有关部门进行联系。在进入军事要地、边境、少数民族地区、林区、自然保护区或其他特殊防护地区作业时,应事先征得有关部门同意;了解当地民情和社会治安等情况，遵守所在地的风俗习惯及有关的安全规定。

(2)进入单位、居民宅院进行测绘时，应先出示相关证件，说明情况再进行作业。

(3)遇雷电天气应立刻停止作业，选择安全地点躲避，禁止在山顶、开阔的斜坡上、大树下、河边等区域停留，避免遭受雷电袭击。

(4)在高压输电线路、电网等区域作业时，应采取安全防范措施，优先选用绝缘性能好的标尺等辅助测量设备，避免人员和标尺、测杆、棱镜支杆等测量设备靠近高压线路，防止触电。

(5)外业作业时，应携带所需的装备以及水和药品等用品，必要时应设立供应点，保证作业人员的饮食供给；野外一旦发生水、粮和药品短缺，应及时联系补给或果断撤离，以免发生意外。

(6)外业作业时，所携带的燃油应使用密封、非易碎容器单独存放、保管，防止暴晒。洒过易燃油料的地方要及时处理。

(7)进入沙漠、戈壁、沼泽、高山、高寒等人烟稀少地区或原始森林地区，作业前须认真了解掌握该地区的水源、居民、道路、气象、方位等情况，并及时记入随身携带的工作手册中。应配备必要的通信器材，以保持个人与小组、小组与中队之间的联系；应配备必要的判定方位的工具，如导航定位仪器、地形图等。必要时要请熟悉当地情况的向导带路。

(8)外业测绘必须遵守各地方、各部门相关的安全规定，如在铁路和公路区域应遵守交通管理部门的有关安全规定；进入草原、林区作业必须严格遵守《森林防火条例》《草原防火条例》及当地的安全规定；下井作业前必须学习相关的安全规程，掌握井下工作的一般安全知识，了解工作地点的具体要求和安全保护规定。

(9)安全员必须随时检查现场的安全情况，发现安全隐患立即整改。

(10)外业测绘严禁单人夜间行动。在发生人员失踪时必须立即寻找，并应尽快报告上级部门，同时与当地公安部门取得联系。

2)城镇地区

(1)在人、车流量大的街道上作业时，必须穿着色彩醒目的带有安全警示反光的马夹，并应设置安全警示标志牌（墩），必要时还应安排专人担任安全警戒员。迁站时要撤除安全警示标志牌（墩），应将器材纵向肩扛行进，防止发生意外。

(2)作业中以自行车代步者，要遵守交通规则，严禁超速、逆行和撒把骑车。

3)铁路、公路区域

(1)沿铁路、公路作业时，必须穿着色彩醒目的带有安全警示反光的马夹。

(2)在电气化铁路附近作业时，禁止使用铝合金标尺、镜杆，防止触电。

(3)在桥梁和隧道附近以及公路弯道和视线不清的地点作业时，应事先设置安全警示标志牌(墩)，必要时安排专人担任安全指挥。

(4)工间休息应离开铁路、公路路基，选择安全地点。

4)地下管线

(1)无向导协助，禁止进入情况不明的地下管道作业。

(2)作业人员必须佩戴防护帽、安全灯，身穿安全警示工作服，应配备通信设备，并保持与地面人员的通信畅通。

(3)在城区或道路上进行地下管线探测作业时，应在管道口设置安全隔离标志牌

(墩),安排专人担任安全警戒员。打开窨井盖做实地调查时,井口要用警示栏圈围起来,必须有专人看管。夜间作业时,应设置安全警示灯。工作完毕必须清点人员,在确保井下没有留人的情况下及时盖好窨井盖。

(4)对规模较大的管道,在下井调查或施放探头、电极导线时,严禁明火,并应进行有害、有毒及可燃气体的浓度测定;有害、有毒及可燃气体超标时应打开连续的3个井盖排气通风0.5 h以上,确认安全并采取保护措施后方可下井作业。

(5)禁止选择输送易燃、易爆气体管道作为直接法或充电法作业的充电点。在有易燃、易爆隐患环境下作业时,应使用具备防爆性能的测距仪、陀螺经纬仪和电池等设备。

(6)使用大功率电器设备时,作业人员应具备安全用电和触电急救的基础知识。工作电压超过36 V时,供电作业人员应使用绝缘防护用具,接地电极附近应设置明显警告标志,并设专人看管。雷电天气禁止使用大功率仪器设备作业。井下作业的所有电气设备外壳都应接地。

(7)进入企业厂区进行地下管线探测的作业人员,必须遵守该厂安全保护规定。

5)水上

(1)作业人员应穿救生衣,避免单人上船作业。

(2)应选择租用配有救生圈、绳索、竹竿等安全防护救生设备和必要的通信设备的船只,行船应听从船长指挥。

(3)租用的船只必须满足平稳性、安全性要求,并具有营业许可证。雇用的船工必须熟悉当地水性并有载客的经验。

(4)风浪太大的时段不能强行作业。对水流湍急的地段要根据实地的具体情况采取相应安全防护措施后方可作业。

(5)在海岛、海边作业时,应注意涨落潮时间,避免事故发生。

6)涉水渡河

(1)涉水渡河前,应观察河道宽度,探明河水深度、流速、水温及河床砂石等情况,了解上游水库和电站放水情况。根据以上情况选择安全的涉水地点,并应做好涉水时的防护措施。

(2)水深在0.6 m以内、流速不超过3 m/s,或者流速虽然较大但水深在0.4 m以内时允许徒涉。水深过腰,流速超过4 m/s的急流,应采取保护措施涉水过河,禁止独自一人涉水过河。

(3)遇较深、流速较大的河流,应绕道寻找桥梁或渡口。通过轻便悬桥或独木桥时,要检查木质是否腐朽,若可使用,应逐人通过,必要时应架防护绳。

(4)骑牲畜涉水时一般只限于水深0.8 m以内,同时应逆流斜上,不应中途停留。要了解牲畜的水性,必要时采取给牲畜蹄上防滑措施。

(5)乘小船或其他水运工具时,应检查其安全性能,并雇用有经验的水手操纵,严禁超载。

(6)暴雨过后要特别注意山洪的到来,严禁在无安全防护保障的条件下和河流暴涨时渡河。

7)高原、高寒地区

(1)进入高海拔区域前要进行气候适应训练,掌握高原基本知识。严禁单人夜间行动。

雾天应停止作业。

(2)应配备防寒装备和充足的给养,配置氧气袋(罐)及高原反应防治专用药品,注意防止感冒、冻伤和紫外线灼伤。在高海拔区域发生高原反应、感冒、冻伤等疾病时,应立即采取有效的治疗措施。

(3)在冰川、雪山作业时,应戴雪镜,穿色彩醒目的防寒服。

(4)应按选定路线行进,遇无路情况,则应选择缓坡迂回行进。遇悬崖、绝壁、滑坡、崩陷、积雪较深及容易发生雪崩等危险地带时应该绕行,无安全防护保障不得强行通过。

8)高空

(1)患有心脏病、高血压、癫痫、眩晕、深度近视等高空禁忌症人员禁止从事高空作业。

(2)现场作业人员应佩戴安全防护带和防护帽,不得赤脚。作业前,要认真检查攀登工具和安全防护带,保证完好。安全防护带要高挂低用,不能打结使用。

(3)应事先检查树、杆、梯、站台以及觇标等各部位结构是否牢固,有无损伤、腐朽和松脱,存在安全隐患的应经过维修后才能作业。到达工作位置后要选坚固的枝干、桩作为依托,并扣好安全防护带后再开始作业;返回地面时严禁滑下或跳下。高楼作业时,应了解楼顶的设施和防护情况,避免在楼顶边缘作业。

(4)传递仪器和工具时,禁止抛投。使用的绳索要结实,滑轮转动要灵活,禁止使用断股或未经检查过的绳索,以防脱落伤人。

(5)造(维修)标、拆标工作时,应由专人统一指挥,分工明确,密切配合。在行人通过的道路或居民地附近造(维修)标、拆标时,必须将现场围好,悬挂"危险"标志,禁止无关人员进入现场。作业场地半径不得小于 15 m。

9)沙漠、戈壁地区

(1)作业小组应配备容水器、绳索、地图资料、导航定位仪器、风镜、药品、色彩醒目的工作服和睡袋等。

(2)在距水源较远的地区作业,应制订供水计划,必要时可分段设立供水站。

(3)应随时注意天气变化,防止沙漠寒潮和沙暴的侵袭。

10)沼泽地区

(1)应配备必要的绳索、木板和长约 1.5 m 的探测棒。

(2)过沼泽地时,应组成纵队行进,禁止单人涉险。遇有繁茂绿草地带应绕道而行。发生陷入沼泽的情况要冷静,及时采取妥善的救援、自救措施。

(3)应保持身体干燥清洁,防止皮肤溃烂。

11)人烟稀少或草原、林区

(1)在人烟稀少或草原、林区作业应携带手持导航定位仪器及地形图,着装要扎紧领口、袖口、衣摆和裤脚,防止蚊虫等的叮咬。要特别注意配备防止蛇、虫等的叮咬。要特别注意配备防止蛇、虫叮咬的面罩及药品,并注射森林脑炎疫苗。

(2)行进路线及点位附近,均应留下能为本队人员所共同识别的明显标志。

(3)禁止夜间单人外出,特殊情况确需外出时,应两人以上。应详细报告自己的去向,并要携带电源充足的照明和通信器材,以保持随时联系;同时,宿营地应设置灯光引导标志。

12)少数民族地区

(1)针对具体的作业区域,出测前要组织作业人员学习国家有关的少数民族政策,了解当地的风俗民情、社会治安和气候、环境特点，制定具体的安全防范措施。

(2)进入少数民族地区作业时，主动与当地测绘行政主管部门、公安部门进行沟通，了解当地民情和社会治安等情况，遵守所在地的风俗习惯及有关的安全规定。

(3)根据作业区域的环境特点，配备满足作业人员防护需要的相应设施，如通信设备、储水容器、手持导航仪、地形图、药品、绳索等适合在沼泽、沙漠和人烟稀少地区需要的必要的设备。

(4)在少数民族地区野外搭设帐篷时，夜间应有专人值勤。

(5)聘用当地少数民族作业人员、向导时，应注意民族团结，尊重当地的风俗习惯。

(二)测绘生产内业作业人员安全管理

创造安全、舒适的内业工作环境，是保障内业工作顺利进行的重要条件。测绘作业单位应组织内业生产人员，分析、评估内业生产环境的安全情况，制定生产安全细则，确保安全生产。

1. 作业场所要求

(1)照明、噪声、辐射等环境条件应符合作业要求。

(2)计算机等生产仪器设备的放置，应有利于减少放射线对作业人员的危害。各种设备与建(构)筑物之间，应留有满足生产、检修需要的安全距离。

(3)作业场所中不得随意拉高电线，防止电线、电源漏电。通风、空调、照明等用电设施要有专人管理、检修。

(4)面积大于 100 m^2 的作业场所的安全出口不少于两个。安全出口、通道、楼梯等应保持畅通，并设有明显标志和应急照明设施。

(5)作业场所应按《中华人民共和国消防法》的规定配备灭火器具，面积小于 40 m^2 的重点防火区域，如资料、档案、设备库房等，也应配置灭火器具。应定期进行消防设施和安全装置的有效期和能否正常使用检查，保证安全有效。

(6)作业场所应配置必要的安全(警告)标志，如配电箱(柜)标志、资料重地严禁烟火标志、严禁吸烟标志、紧急疏散标志、紧急疏散示意图、上下楼梯警告线以及玻璃隔断提醒标志等，保证标志完好清晰。

(7)禁止在作业场所吸烟以及使用明火取暖，禁止超负荷用电。使用电器取暖或烧水，不用时要切断电源。

(8)严禁携带易燃易爆物品进入作业场所。

2. 作业人员安全操作

(1)仪器设备的安装、检修和使用，须符合安全要求。凡对人体可能构成伤害的危险部位，都要设置安全防护装置。所有用电动力设备，必须按照规定埋设接地网，保持接地良好。

(2)仪器设备须由专人管理，并进行定期的检查、维护和保养，禁止仪器设备带故障运行。

(3)作业人员应熟悉操作规程，必须严格按有关规程进行操作。作业前要认真检查所要操作的仪器设备是否处于安全状态。

(4)禁止用湿手拉合电闸或开关电钮。饮水时，应远离仪器设备，防止泼洒造成电路短路。

(5)擦拭、检修仪器设备应首先断开电源，并在电闸处设置明显警示标志。修理仪器设备，一般不准带电作业，由于特殊情况而不能切断电源时，必须采取可靠的安全措施，并且须有两名电工现场作业。

(6)因故停电时，凡用电的仪器设备，应立即断开电源。

(7)汽油、煤油等挥发性、易燃物质不得存放在作业室、车间及办公室内。洒过易燃油料的地方要及时处理。油料着火时应用细沙、泥土熄灭，不可向油上浇水。

二、测绘生产仪器设备安全管理

测绘仪器基本上是光学仪器、电子仪器和光、机、电、算相结合的仪器。测绘仪器在运输、储存和使用过程中，受外界因素的影响，都有可能发生光学部件长霉起雾，电子部件受潮长霉，以及金属部件生锈、磨损等毛病，造成部件损坏，影响仪器正常使用，酿成事故，甚至整个仪器损坏报废。所以，加强仪器设备的安全管理是测绘事业科学发展的需要，正确使用、科学保养仪器是保障测量成果质量，提高工作效率，延长仪器使用年限的重要条件。

(一)仪器设备的管理制度

(1)根据单位仪器设备情况，专设仪器管理员(或组)，负责仪器设备的保管、维护、检校和一般鉴定、修理。

(2)仪器设备必须建立技术档案，其内容包括仪器规格、性能、附件、精度鉴定、损伤记录、修理记录及移交验收记录等。

(3)仪器设备的借用、转借、调拨、大修、报废等应有一定的审批手续。

(4)外业队使用的仪器设备，必须由专人管理、使用。作业队的负责人，应经常了解仪器设备维护、保养、使用等情况，及时解决有关问题。

(5)仪器入出库必须有严格的检查和登记制度。

(二)仪器设备的保管

1. 对仪器库房的基本要求

(1)测量仪器库房应是耐火建筑。

(2)库房内的温度不能有剧烈变化，最好保持室温在 12~16 ℃。

(3)库房应有消防设备，但不能用一般酸碱式灭火瓶，宜用液体 CO_2 或 CCl_4 及新的消防瓶。

2. 测绘仪器的三防措施

生霉、生雾、生锈是测绘仪器的“三害”，直接影响测绘仪器的质量和使用寿命，影响观测使用。因此，需按不同仪器的性能要求，采取必要的防霉、防雾、防锈措施，确保仪器处于良好状态。

1)测绘仪器防霉措施

(1)每日收装仪器前，应将仪器光学零件外露表面清刷干净后再盖镜头盖，并使仪器外表清洁后方能装箱密封保管。

(2)仪器外壳有通孔的，用完后须将通孔盖住。

(3)仪器箱内放入适当的防霉剂。

(4)外业仪器一般情况下 6 个月(湿热季节或湿热地区 1~3 个月)应对仪器的光学零件外露表面进行一次全面的擦拭，内业仪器一般一年(湿热季节或湿热地区 6 个月)须对仪器未密封的部分进行一次全面的擦拭。

(5)每台内业仪器必须配备仪器罩,每次操作完毕,应将仪器罩罩上。

(6)检修时,对所修理的仪器外表和内部必须进行一次彻底的擦拭,注意不应用有机溶剂和粗糙擦布用力擦仪器的密封部位,以免破坏仪器的密封性,对产生霉斑的光学零件表面必须翻底除霉,使仪器的光学性能恢复到良好状态。

(7)修复仪器装配时须对仪器内部的零件进行干燥处理,并更换或补放仪器内腔的防霉药片,修复装配后,仪器必须密封的部位,应恢复密封状态。

(8)在运输仪器过程中,必须有防震设施,以免因震动剧烈引起仪器的密封性能下降,密封性能下降的部位,应重新采取密封措施,使仪器恢复到良好的密封状态。

(9)作业中暂时停用的电子仪器,每周至少通电 1 h,同时使各个功能正常运转。

2)测绘仪器防雾措施

(1)每次清擦完光学零件表面后,再用干棉球擦拭一遍,以便除去表面潮气,每次测区作业终结后,应对仪器的光学零件外露表面进行擦拭。

(2)调整或操作仪器时,勿用手心对准光学零件表面,并在仪器运转时避免将油脂挤压或拖粘于光学零件表面上。

(3)外业仪器一般情况下 6 个月(湿热季节或湿热地区 3 个月)须对仪器的光学零件外露表面进行一次全面擦拭,内业仪器一般在 1 年(湿热季节或湿热地区 3~6 个月)应对仪器外表进行一次全面清擦,并用电吹风机烘烤光学零件外露表面(温度升高不得超过 60 ℃)。

(4)防止人为破坏仪器密封造成湿气进入仪器内腔和浸润光学零件表面。

(5)除雾后或新配置的光学零件表面须用防雾剂进行处理,一旦发现水性雾,应用烘烤或吸潮的方法清除;发现油性雾应用清洗剂擦拭干净并进行干燥处理。

(6)严禁使用吸潮后的干燥剂。

(7)保管室内应配备适当的除湿装置,长期不用的仪器的外露光学零件,经干燥后,垫一层干燥脱脂棉,再盖镜头盖。

3)测绘仪器防锈措施

(1)凡测区作业终结收测时,将金属外露面的临时保护油脂全部清除干净,涂上新的防锈油脂。

(2)外业仪器防锈用油脂,除了具有良好的防锈性能,还应具有优良的置换性,并应符合挥发性低、流散性小的要求,要根据仪器的润滑防锈要求和说明书用油的规定适当选用不同配合间隙、不同运转速度和不同轴线方向所用的油脂。

(3)外业仪器一般情况下 6 个月(湿热季节或湿热地区 1~3 个月)须对仪器外露表面的润滑防锈油脂进行一次更换,内业仪器一般应在 1 年(湿热季节或湿热地区 6 个月)须将仪器所用临时性防锈油脂全部更换一次,若发现锈蚀现象,必须立即除锈。并分析锈蚀原因,及时改进防锈措施。

(4)仪器进行检修时,对长锈部位必须除锈,除锈时应保持原表面粗糙度数值或降低不超过相邻的粗糙度值。并且在对金属裸露表面清洗或除锈后,必须进行干燥处理。

(5)必须将原用油脂彻底清除,通过干燥处理后,涂抹新的油脂进行防锈。

(6)对有运动配合的部位涂防锈油脂后必须来回运动几次,并除去挤压出来的多余油脂。

(7)防锈油脂涂抹后应用电容器纸或防锈纸等加封盖。

(8)保管室在不能保证恒温恒湿的要求时,须做到通风、干燥、防尘。

(三)仪器的安全运送与仪器的使用维护

1. 仪器的安全运送

(1)长途搬运仪器时,应将仪器装入专门的运输箱内。当无防震运输箱,而又需运输较精密的仪器时,可特制套箱,再把装有仪器的箱子装入特别套箱内,仪器箱与套箱内包面之间的空隙处可用刨花或纸片等紧紧填实。

(2)短途搬运仪器时,一般仪器可不装入运输箱内,一定要专人护送。对特别怕震的仪器设备,必须装入仪器箱内。不论长短距运送仪器,均要防止日晒雨淋,放置仪器设备的地方要安全妥当,并应清洁和干燥。

2. 仪器在作业过程中的使用维护

(1)仪器开箱前,应将仪器箱平放在地上,严禁手提或怀抱着仪器开箱,以免仪器在开箱时落地损坏。开箱后应注意看清楚仪器在箱中安放的状态,以便在用完后按原样入箱。仪器在箱中取出前,应松开各制动螺旋,提取仪器时,要用一只手托住仪器的基座,另一只手握持支架,将仪器轻轻取出,严禁用手提望远镜和横轴。仪器及所用部件取出后,应及时合上箱盖,以免灰尘进入箱内。仪器箱放在测站附近,箱上不许坐人。作业完毕后,应将所有微动螺旋退回到正常位置,并用擦镜纸或软毛刷除去仪器上表面的灰尘。然后卸下仪器双手托持,按出箱时的位置放入原箱。盖箱前应将各制动螺旋轻轻旋紧,检查附件齐全后可轻合箱盖,箱盖吻合方可上盖,不可强力施压以免损坏仪器。

(2)架设仪器时,先将三脚架架稳并大致对中,然后放上仪器,并立即拧紧中心连接螺旋。

(3)对仪器要小心轻放,避免强烈的冲击震动,安置仪器前应检查三脚架的牢固性,作业过程中仪器要随时有人防护,以免造成重大损失。

(4)仪器在搬站时,可视搬站的远近,道路情况以及周围环境等决定仪器是否要装箱。搬站时,应把仪器的所有制动螺旋略微拧紧,但不要拧得太紧,目的是仪器万一受到碰撞时,还有转动的余地,以免仪器受伤。搬运过程中仪器脚架必须竖直拿稳,不得横扛在肩上。

(5)在野外使用仪器时,必须用伞遮住太阳。仪器望远镜的物镜和目镜的表面不能让太阳照射,也要避免灰沙雨水的侵袭。

(6)仪器任何部分若发生故障,不应勉强继续使用,要立即检修,否则将会使仪器损坏加剧。

(7)没有必要时,不要轻易拆开仪器,仪器拆卸次数太多会影响其测量精度。

(8)光学元件应保持清洁,若沾染灰尘必须用毛刷或柔软的擦镜纸清除,禁止用手指抚摸仪器的任何光学元件表面。

(9)在潮湿环境中作业,工作结束后,要用软布擦干仪器表面的水分或灰尘后才能装箱。回到驻地后立即开箱取出仪器放置干燥处,彻底晾干后才能装入仪器箱内。

(10)在连接外部所有仪器设备时,应注意相对应的接口、电极连接是否正确,确认无误后方可开启主机和外围设备。拔插接线时不要抓住线就往外拔,应握住接头顺方向拔插,也不要边摇晃插头边拔插,以免损坏接头。数据传输线、GPS(监控器)天线等在收线时不要弯折,应盘成圈收藏,以免各类连接线被折断而影响工作。

任务三 地理信息数据安全管理

地理信息数据是用来表示与空间地理分布有关信息的数据，它是地表物体和环境固有的数据、质量、分布特征、联系和规律性的数字、文字、图形、图像的总称。影响地理信息数据安全的因素主要有：

(1)安全意识淡薄。在国家安全中占有重要地位，地理信息的国家安全观比较淡化。

(2)测绘技术上的落后。这使我们不得不在进行一些高精测绘工作时，与国外一些拥有先进技术的公司合作。

(3)硬盘驱动器损坏。一个硬盘驱动器的物理损坏意味着数据丢失。设备的运行损耗、存储介质失效、运行环境以及人为的破坏等，都能对硬盘驱动器设备造成影响。

(4)人为错误。由于操作失误，使用者可能会误删系统的重要文件，或者修改影响系统运行的参数，以及没有按照规定要求或操作不当导致的系统宕机。

(5)黑客入侵。入侵者通过网络远程入侵系统，侵入形式包括很多，如系统漏洞、管理不力等。

(6)病毒。近年来，感染计算机病毒而破坏计算机系统，从而造成重大经济损失的事件屡屡发生，计算机病毒的复制能力强、感染性强，特别是在网络环境下，传播性更快。

(7)信息窃取。入侵者从计算机上复制信息或将存储设备、介质偷走。

(8)自然灾害。雷击、暴风雨等造成系统的崩盘、瘫痪。

(9)电源故障。电源供给系统故障，一个瞬间过载电功率会损坏在硬盘或存储设备上的数据。

(10)磁干扰。是指重要的数据接触到有磁性的物质，会造成计算机数据被破坏。

一、地理信息数据安全管理规定

基础地理信息数据是地理信息数据中的核心内容。国家基础地理信息数据是指按照国家规定的技术规范、标准制作的可通过计算机系统使用的数字化的基础测绘成果。国家基础地理信息数据是具有知识产权的智力成果，受国家知识产权法律法规的保护。为了加强对国家基础地理信息数据使用的管理，做好国家基础地理信息数据的社会化服务工作，为国家经济建设、科学研究和社会生活提供测绘保障，国家测绘局制定了《国家基础地理信息数据使用许可管理规定》来规范国家地理信息数据的使用、提供与管理。

(一)使用许可

(1)使用国家基础地理信息数据的部门、单位和个人(简称使用单位)，必须得到使用许可，并签订国家基础地理信息数据使用许可协议(简称使用许可协议)。使用许可协议是非独占和不可转让的。使用许可协议文本由国务院测绘行政主管部门负责制定。

(2)使用许可协议分为甲、乙、丙三类。甲类使用许可协议适用于中央、国家机关、省级政府等用于宏观决策和社会公益事业。乙类使用许可协议适用于非企业单位、个人以教学或者科学研究、规划管理等目的在本单位内部或者个人使用，或者将研究成果向中央国家机关、省级政府等部门提供用于宏观决策和社会公益事业。丙类使用许可协议适用于企业单位，或者非企业单位用于商业目的、盈利或者直接为建设工程项目服务。其他类型的使用许可协议由国务院测绘行政主管部门制定。

(3)适用甲类使用许可协议的,无偿使用国家基础地理信息数据;适用乙类使用许可协议的,有偿使用国家基础地理信息数据,给予价格优惠;适用丙类使用许可协议的,给予价格优惠;适用丙类使用许可协议的,有偿使用国家基础地理信息数据。有偿使用是指收取国家基础地理信息数据的部分成本费用。各类使用许可协议的单位均应支付提供数据中所实际发生的介质费、人工费和其他费用等工本费。

(4)使用单位拥有使用许可协议规定范围内的国家基础地理信息数据和规定权限的使用权。使用单位根据使用需要,可以对国家基础地理信息数据作部分修改或者对数据的格式进行转换,但未经许可,不得以任何形式将修改、转换后的数据对外发布和提供。

(5)使用单位在使用国家基础地理信息数据时明显标示数据的版权所有者。国家基础地理信息数据的版权归属不因数据部分修改或者格式改变而改变,使用格式改变的国家基础地理信息数据或者使用基于国家基础地理信息数据形成的衍生品以及国家基础地理信息数据的备份和复制品,必须明显标示原数据的版权所有者。

(6)使用单位应当确保国家基础地理信息数据的安全,防止数据丢失或者被盗;若发生数据丢失或者被盗,应当及时向提供单位报告;造成后果的,应当承担责任。

(7)使用单位应当按照提供单位提供国家基础地理信息数据的密级,依照国家规定进行管理并采取相应的保密措施。

(8)当使用单位的身份变更或者使用单位对数据使用用途改变时,应当向原数据提供单位提出申请,重新签订许可协议。

(9)香港特别行政区、澳门特别行政区的公民、法人和香港特别行政区其他组织需要使用国家基础地理信息数据的,向省级以上测绘主管部门提出申请,按国家有关规定进行审批(台湾地区的公民、法人和其他组织需要使用国家基础地理信息数据的,参照此规定办理)。

(10)涉外使用国家基础地理信息数据的部门、单位和个人,按照国家有关规定办理审批手续。

(二)提供与管理

(1)国家基础地理信息中心负责国家管理的国家基础地理信息数据使用的提供工作。省级提供单位负责本省、自治区、直辖市管理的国家基础地理信息数据和国家基础地理信息中心委托保管的其他国家基础地理信息数据使用的提供工作,并负责对本省、自治区、直辖市的使用单位使用其他省级提供单位负责提供的国家基础地理信息数据的审核转函工作。

(2)提供单位不得授权或者委托其他单位或者个人提供国家基础地理信息数据。

(3)提供单位负责审查使用单位的身份证明、使用国家基础地理信息数据的书面申请和能证明其使用目的的有关材料,确定使用单位适用的使用许可协议类别,必要时报省级以上测绘主管部门审批。

(4)提供单位应当按照使用许可协议的约定,及时向使用单位提供国家基础地理信息数据及数据使用说明,并协助其读取数据。

(5)对与提供单位建立数据交换关系的使用单位,提供单位有权决定相互交换数据的方式和减少或者免收其使用国家基础地理信息数据的费用。

(6)提供单位未经批准,不得擅自改变使用许可协议的文本格式和内容。

(7)提供全国范围的国家基础地理信息数据必须报经国务院测绘行政主管部门批准。

未经批准提供单位不得以签订多个使用许可协议的形式，将全国范围的国家基础地理信息数据分解提供给同一个使用部门或者单位。使用和提供国家基础地理信息数据涉及军事部门的，依照测绘成果管理的有关规定执行。

(8)未经国务院测绘行政主管部门的批准，任何部门、单位和个人不得将未公开的国家基础地理信息数据携带或者邮寄出境，不得以任何方式将其传输至境外。

(9)提供单位应当建立数据提供登记管理系统，详细记载使用单位、使用国家基础地理信息数据的内容、数量、用途和使用方式等；及时了解社会对国家基础地理信息数据的需求情况，定期进行统计汇总，并向其上级测绘主管部门报告。

(三)法律责任

(1)使用单位有下列行为之一的，由省级以上测绘主管部门收回国家基础地理信息数据和有关资料，根据国家基础地理信息数据制作的衍生成果或者已取得的非法收入一并没收；情节严重的，可以并处3万元以下的罚款；造成损失的，使用单位应当承担赔偿责任。包括：①擅自向第三方提供或者转让国家基础地理信息数据的；②未经提供单位许可使用国家基础地理信息数据的；③使用单位的身份变更或者改变国家基础地理信息数据的用途又不及时向提供单位提出申请并重新签订使用许可协议的；④对获得的国家基础地理信息数据保管不当，造成数据全部或者部分丢失、被窃，又不及时向提供单位报告的；⑤使用国家基础地理信息数据时，不按规定标示版权所有者或者擅自改变版权所有者的。

(2)伪造身份或者掩盖其对国家基础地理信息数据的真实使用用途，骗取国家基础地理信息数据的，由省级以上测绘主管部门责令停止使用，收回其取得的国家基础地理信息数据和有关资料，根据国家基础地理信息数据制作的衍生成果或者已取得的非法收人一并没收；情节严重的，可以并处非法所得50%～100%的罚款；构成犯罪的，由司法机关追究其刑事责任。

(3)使用单位使用国家基础地理信息数据时违反有关保密规定的，依照《中华人民共和国保守国家秘密法》《中华人民共和国测绘成果管理条例》等有关法律、法规的规定处理。

(4)使用单位擅自将未公开的国家基础地理信息数据携带或者邮寄出境，或者以任何方式传输至境外的，由所在单位或者上级主管部门对直接责任人员和负有责任的主管人员给予行政处分；构成犯罪的，由司法机关追究其刑事责任。

(5)不履行使用许可协议规定的义务或者未按约定条件履行义务的，依法承担民事责任；因对国家基础地理信息数据保管不当造成数据丢失、被窃并造成损失的，依法承担赔偿责任。

(6)当事人对行政处罚决定不服的，可依照《中华人民共和国行政复议法》《中华人民共和国行政诉讼法》申请行政复议或者提起行政诉讼。

(7)提供单位的工作人员，徇私舞弊，滥用职权，严重失职，造成国家基础地理信息数据提供和管理上的重大事故的，由所在单位对其直接责任者和负有管理责任的工作人员给予行政处分；构成犯罪的，由司法机关追究其刑事责任。

(四)重要地理信息数据审核、公布管理规定

为了加强重要地理信息数据审核、公布工作的管理，确保对外公布的重要地理信息数据的权威性和准确性，根据《中华人民共和国测绘法》的有关规定，我国制定了相关措施来管理中华人民共和国领域和管辖内的重要地理信息数据的审核、公布管理工作。具体内容在其他章节中有详细表述，这里不一一赘述。

二、地理信息数据安全管理措施

（一）基础地理信息数据管理与保护

1. 归档内容

1）基础地理信息数据成果

基础地理信息数据成果应包含最终数据成果、重要的的阶段性数据成果、重要的原始数据成果和数据说明文件；如数据成果包含元数据，应随同数据成果一起归档；

数据说明文件应包含以下内容：

（1）数据背景：数据名称和来源、密级、制作单位和制作时间等，生产方法或工艺流程；

（2）数据组织：数据组织原则、结构和文件命名规则；

（3）应用方式：数据格式、运行环境（操作系统、应用软件及版本号）

（4）联系方式：形成单位、联系地址、邮政编码、联系人姓名、电话等。

2）文档材料

基础测绘数据成果文档应包括：

（1）项目立项文件：项目申请（或建议）书、项目可行性报告、项目下达计划或任务文件、项目合同等；

（2）项目实施文件：调研报告，招（投）标书，项目设计书（或实施方案），项目论证材料、项目实施过程中的有关专业设计、技术质量标准或要求，项目的各种计划、指示请示及批复文件。

（3）项目总结文件：项目阶段性和和最终的工作总结、技术总结、评审、鉴定或验收材料等；

（4）项目成果文件：标图、附表、文档簿、数据成果目录、相关软件、使用手册等；

（5）其他基础地理信息数据成果所属文档，按其形成的内容进行归档；

（6）文档材料有电子文件形式的，应一并归档。

3）相关软件

在基础地理信息数据成果形成过程中开发的特定数据管理软件，应随同数据成果一起归档。如有演示软件，也应与数据一起归档。相关软件归档时，与软件相关的技术手册、使用手册等有关材料应同时归档。

4）档案目录数据

归档时，应同时提交与归档材料相关 档案目录数据：

2. 归档要求

（1）档案形成单位应在项目完成后 2 个月内完成归档。

（2）基础测绘数据成果应与文档材料一同归档。

（3）归档的基础地理信息数据应为最终版本。

（4）归档后，如果档案形成单位又对基础地理信息数据成果进行了更新（补充或完善），应将更新后的数据成果及时归档，以替换原归档的数据成果。

（5）文档材料归档一份，数据成果拷贝归档两份。

（6）归档的数据成果和相关软件，一般不压缩、不加密。如进行了压缩和加密，应将解压缩软件和密钥、加密和解密软件同时归档。

3. 归档检验

档案形成单位和接收单位须对归档材料进行检验，并填写“基础地理信息数据建(归)档检验登记表”，一式两份。双方各持一份。

4. 移交手续

归档材料移交，需办理相关手续。档案形成单位须填写“基础地理信息数据档案移交文据”，经交接单位双方签字盖章后，一式两份，双方各持一份。

(二)地理信息数据的介质及拷贝要求

1. 介质要求

(1)数据档案管理单位应根据本单位数据档案的管理要求指定归档介质，如可指定磁带或 CD-ROM 线性磁带。

(2)数据档案管理单位若采用磁带作为归档介质，应指定归档磁带的类型和型号，建议使用线性磁带。

(3)当数据档案管理单位同时认可磁带或光盘作为归档介质时，建议同一项目所采用的光盘数大于 10 片时，应以磁带作为载体归档。

(4)归档的两份数据档案应采用相同类型和型号的归档介质。

(5)同一项目的数据档案应存储在同种载体介质上。

(6)归档的介质应有标识，可视标签大小依次选标档号、条形码、密级、题名、运行环境等，但至少应标注档号、条形码和密级。

2. 拷贝要求

(1)两份拷贝的数据成果组织结构、数据格式、成果形式、存放内容、操作平台、拷贝方法等应完全相同。

(2)当数据档案管理单位认可磁带作为归档介质时，应指定读写磁带的操作系统类型、备份文件(或命令)。

(3)数据档案管理单位应指定备份方式。原则上，数据档案应采取单盘方式拷贝(各介质可独立进行数据读取)，特殊情况下也可将整体数据以整卷的方式备份在多个介质上。

(三)地理信息数据的保管与维护要求

1. 工作环境

(1)在工作之前，放置在储存环境下的光盘必须在工作环境放置至少 2 h。

(2)在工作之前，放置在储存环境下的磁带必须在工作环境放置至少 24 h。

2. 储存环境

(1)温度选定范围：17~20 ℃；相对湿度选定范围：35%~45%。

(2)库房及装具应使用耐火材料，库房内及附近不得有易燃物品，库房内不得有明火，并配有 CO_2 型灭火器。

(3)库房内的设备要避免水淹，介质架最低一层搁板应高于地面 30 cm 以上。

(4)磁带应放在距钢筋房柱或类似结构物 10 cm 以外处，以防雷电经钢筋传播时产生的磁场损坏载体上的信息。

(5)磁带与磁场源(永久磁铁、马达、变压器等)之间的距离不得少于 76 mm。

(6)不得将任何磁性材料及其制品(包括磁化杯、保健磁铁、磁铁图钉等)带入库房。

（7）库房应远离强磁场，并应有必要的磁屏蔽装置和检测措施。配备测磁设备，以监测隐蔽的磁场。

（8）库房门窗应有密闭措施，不允许阳光直接照射数据载体。库房内应尽量减少灰尘对环境的污染。介质装具应洁净无尘。

（9）库房内无腐蚀性气体，并保证通风良好。

（10）库房内照明应采用防爆、防紫外线灯具。不允许有紫外线直接照射数据载体。

3. 异地储存

（1）归档的两份数据档案介质应异地储存。

（2）数据档案管理单位可根据实际情况确定异地储存的距离。建议异地储存的距离应大于 100 km，最佳距离为 500 km 以上。

（3）数据档案应自入馆之日起 60 d 内完成异地存储工作。

（4）凡取回的异地储存的数据档案，应在数据档案离开储存地之日起的 60 天内重新完成异地储存工作。

（5）异地储存介质的读检工作。原则上应在储存地进行并应尽量避免介质离开储存地。

（6）异地储存所在地单位负责异地数据档案的安全、保密、环境和卫生等工作。

（7）异地储存的数据档案的管理权属于原数据档案管理单位，不经授权，任何单位和个人不能擅自复制和提供利用。

4. 介质维护

（1）数据档案管理单位应定期对所有磁介质进行维护并建立相应的登记制度，对数据档案磁介质的检查（倒带、读检）、拷贝、介质更换、销毁等日常工作进行记录，并存档复查。

（2）数据档案管理单位每年应读检不低于 5%的数据档案。

（3）如果数据档案在当年进行过读取操作（如数据查阅、提供利用等），则当年可以不对这些介质进行倒带和读检。

（4）归档后的数据档案介质不得外借，只能提供数据复制介质。

5. 数据维护

（1）出现介质故障或出现损坏迹象而需要重新拷贝时，原数据档案是采用单盘（盒）方式拷贝的，则可从另一份相同数据档案介质拷贝复制，替换出现故障的介质；如果原数据档案是采用整卷方式拷贝的，则可从另一份数据档案整体复制并替换。介质更换的更新拷贝工作应在 30 天内完成。

（2）如果软件平台能够反映介质的读写错误，则当累计读写错误达 10 次时，应停止使用该介质（使该介质仍能正常使用），并将数据复制迁移到新的一份介质上。

（3）为保证数据档案的长期有效性，对线性磁带应每 10 年迁移一次，光盘应每 5 年迁移一次。

（4）数据档案管理单位应保证介质的可读性，即在磁带或磁带机（磁带库）、光盘或光盘驱动器（光盘库）、驱动软件或读取设备所需的软硬件环境淘汰之前，应将数据迁移到新的介质上。

（5）数据档案管理单位应尽可能保证数据的可用性，即当出现数据档案的操作软件已经（或将要）淘汰，或新版软件对旧版软件格式的数据档案不支持等情况时，数据档案管理单位可以将该数据档案转存为新版软件支持的格式或其他软件支持的数据格式。数据档案进行转存新格式拷贝后，原数据档案应继续保存3年。

(6)数据档案由原格式向新格式的转存之前应进行鉴定，并报单位领导审定。

(7)数据档案管理单位对数据档案转存新格式时，可以请求其他单位（或原项目单位）协助实施。

(8)数据档案转存新格式后，其数据说明文件应做相应的修改，并在数据说明文件的第一部分“数据背景”中反映数据档案的变化情况。

(9)日常数据维护工作应建立相应的登记制度，对数据的检查、复制、格式转存、数据迁移、清除等日常工作进行记录，并存档备查。

(四)地理信息数据的使用与运输要求

1. 光盘使用

(1)归档光盘不得擦洗、划刻、触摸盘片裸露处，不得弯曲、挤压、摔打盘片，尤其应当保护光盘的内道。

(2)对光盘的背面同样要注意保护，避免出现擦伤或划伤。

(3)防止盘片沾染灰尘和污垢。

(4)光盘正常工作时，不得按光驱上的光盘弹出键。

(5)避免使用劣质光盘。

(6)光盘背面不应粘贴不干胶，可以用光盘打印机打印标识或油笔书写标识。

(7)光盘不用时要及时从光驱或光盘库中取出，并放入光盘盒。

(8)定期对光驱进行清洁保养或请专业人员维护。

2. 磁带使用

(1)在每次使用磁带之前，应检查磁带是否有跌落损坏的痕迹，是否有裂缝；是否有断开、缺少零部件或其他损坏，写保护开关是否可以移动且设置某个位置后是否可保持位置。

(2)不得将有污渍的磁带、已损坏的磁带或异物放入驱动器，以免损坏磁头或其他部件。

(3)任何时候不得将磁带盒拆开，不得将磁带拉出盒外，不得用手或异物触摸磁性载体表面。

(4)在储存前，应该将磁带卷至开始端或末端，写保护开关处于写保护状态。

(5)数据档案的磁带载体不用时应及时从磁带机或磁带库中取出。

(6)堆叠或搬运磁带时，最多不超过6盒。

(7)确保磁带标签区域只有一个标签，切勿使用非标准标签，切勿在磁带标签区域以外粘贴任何东西。

(8)应定期对磁带机进行清洗，清洗频率可依据使用情况而定。一般来说，如果每天都有磁带操作，应每两周至少清洗一次磁带机。

(9)磁带储存应垂直旋转，不得重叠堆放。

(10)磁带应避免跌落。一旦跌落，如果该磁带上有数据，应将数据拷贝到新磁带上，原磁带应停止使用。

3. 运输要求

(1)数据载体运输时应轻拿轻放，并做好防潮、防尘、防紫外线直射、防震、防重压等措施，建议介质应封闭在塑料袋中，再放入容器中运输；或采用专用运输箱运输。

(2)运输时要防止数据载体之间的相互滑动和碰撞。

(3)要保证容器不会对数据载体造成污染,并在容器层标明放置方向。

(4)磁带的运输环境:对于已使用磁带:温度范围为 5~32 ℃,相对湿度范围为 20%~80%;对于未被使用磁带:温度范围为-23~49 ℃,相对湿度范围为 20%~80%。同时,运输过程中避免巨大的温度变化。

(五)地理信息数据的销毁要求

(1)数据档案在销毁之前应进行鉴定。经鉴定需销毁的数据档案应按有关规定办理销毁手续。

(2)经数据迁移后废弃的原介质,除数据转存新格式情况外,原数据档案的介质不需鉴定,经审批后直接销毁。

(3)销毁数据档案时,应对包括异地储存在内的两份数据档案同时销毁。

(4)销毁磁带上的数据档案时,如果磁带还有再利用价值,可对磁带进行消磁(如果磁带技术允许)或全容量写操作,不得只进行初始化。如果磁带载体没有利用价值(如已有故障或已经或将要达到规定的磁带升级期限),则应对磁带载体进行物理销毁。

(5)销毁光盘上的数据档案时,须连同光盘一起销毁。

(6)对数据档案进行逻辑销毁或物理销毁后,应从计算机系统中将其彻底清除。

(7)无论是逻辑销毁还是物理销毁,数据档案销毁时应由数据档案管理单位派员监销,防止泄密。

三、测绘成果保密措施

为进一步加强涉及国家秘密的测绘成果的管理,保障测绘成果的开发利用,从事涉密测绘成果生产、加工、保管和使用等方面工作的单位要深入贯彻落国务院关于加强测绘工作的意见和中央关于加强保密工作的有关精神。

(一)建立健全保密管理制度

(1)涉及国家秘密的测绘成果(以下简称涉密测绘成果)事关国家安全和利益,涉密单位应当遵守国家保密法律、法规和有关规定,建立健全保密管理制度,按照积极防范、突出重点、严格标准、明确责任的原则,对落实保密制度的情况进行定期或不定期的检查,及时解决保密工作中的问题。

(2)涉密单位应当建立保密管理领导责任制,加强对本单位保密工作的组织领导,切实履行保密职责和义务;设立保密工作机构,配备保密管理人员。应当根据接触、使用、保管涉密测绘成果的人员情况,区分核心、保管涉密测绘成果的人员情况,区分核心、重要和一般涉密人员,实行分类管理,进行岗前涉密资格审查,签署保密责任书,加强日常管理和监督。

(二)强化安全保密措施

(1)涉密单位应当依照国家保密法律、法规和有关规定,对生产、加工、提供、传递、使用、复制、保存和销毁涉密测绘成果,建立严格登记管理制度,加强涉密计算机和存储介质的管理,禁止将涉密载体作为废品出售或处理。

(2)涉密单位要依照国家有关规定,及时确定涉密测绘成果保密要害部门、部位,明确岗位责任,设置安全可靠的保密防护措施。

(3)涉密单位应当对涉密计算机信息系统采取安全保密防护措施,不得使用无安全保密保障的设备处理、传输、存储涉密测绘成果。

(三)规范成果提供使用行为

(1)县级以上测绘行政主管部门要依法履行提供涉密测绘成果的行政审批职能,明确规定申请、受理、审批、提供、使用等环节的具体要求,并向社会公布;要明确本机关负责成果管理的机构统一办理审批事项,不得多头审批、越级审批。

(2)法人或者其他组织申请,使用涉密测绘成果,应当具有明确、合法的使用目的和范围,具备成果保管、保密的基本设施与条件,按管理权限报测绘成果所在地的县级以上测绘行政主管部门审批。

(3)经审批获得的涉密测绘成果,被许可使用人(以下简称用户)只能用于被许可的使用目的和范围。使用目的或项目完成后,用户要按照有关规定及时销毁涉密测绘成果,由专人核对、清点、登记、造册、报批、监销,并报提供成果的单位备案;也可请提供成果的单位核对、回收,统一销毁。如需要用于其他目的的,应另行办理审批手续。任何单位和 个人不得擅自复制、转让或转借。

(4)用户若委托第三方承担成果开发、利用任务的,第三方必须具有相应的成果保密条件,涉及测绘活动的,还应具备相应的测绘资质;用户必须与第三方签订成果保密责任书,第三方承担相关保密责任;委托任务完成后,用户必须及时回收或监督第三方按保密规定销毁涉密测绘成果及其衍生产品。

(5)涉密测绘成果严格实行"管"、"用"分开。测绘成果保管单位不得擅自使用涉密测绘成果。确因工作需要使用的,必须按照涉密测绘成果提供使用管理办法,办理审批手续。

(6)要按照国家相关定密、标密规定,及时、准确地为测绘活动中产生的涉密测绘成果或衍生产品标明密级和保密期限。涉密测绘成果及其衍生产品,未经国家测绘局或者省、自治区、直辖市测绘行政主管部门进行保密技术处理的,不得公开使用,严禁在公共信息网络上登载发布使用。

(四)依法对外提供测绘成果

(1)经国家批准的中外经济、文化、科技合作项目,凡涉及对外提供我国涉密测绘成果的,要依法报国家测绘局或者省、自治区、直辖市测绘行政主管部门审批后再对外提供。

(2)外国的组织或者个人经批准在中华人民共和国领域内从事测绘活动的,所产生的测绘成果归中方部门或单位所有;未经国家测绘局批准,不得向外方提供,不得以任何形式将测绘成果携带或者传输出境。

(3)严禁任何单位和个人未经批准擅自对外提供涉密测绘成果。

(五)切实加强统一监督管理

(1)依法对涉密测绘成果实行统一保管和提供。测绘成果保管单位负责接收和保管本地区涉密测绘成果,并按照批准文件向用户提供。其他任何单位,不得擅自提供涉密测绘成果。

(2)县级以上测绘行政主管部门要全面掌握本地区涉密测绘成果的生产、保管、使用情况,会同保密等有关部门,定期组织全面检查,依法加强涉密基础测绘成果使用情况的跟踪检查。

(六)加强保密管理工作的宣传教育

(1)要强化涉密人员的保密教育.切实增强保密意识,筑牢严守国家秘密的思想防线。

要开展岗位培训工作，丰富培训内容，提高培训质量，推动保密教育培训制度化、规范化。

（2）要利用多种有效方式，开展测绘成果保密管理宣传工作. 提高公众对测绘成果保密工作重要性的认识，自觉遵守测绘成果保密法律法规，切实维护国家安全利益。

案例分析与练习题

【案例分析】

1. 某测绘单位在新疆某偏僻地区进行测绘活动，某天黄昏，一个职工擅自离开队伍独自行动，结果在回去的路上遇到了狼群，吓得该职工全身发软，当时他携带了手机，他马上给工友打电话，幸好工友及时赶到，否则后果不堪设想。通过这个案例，下列说法正确的有（　　）

A. 从业人员应当接受安全生产教育和培训，掌握本职工作所需的安全生产知识，提高安全生产技能，增强事故预防和应急处理能力。

B. 在人烟稀少或草原、林区作业应携带手持导航定位仪器、地形图、防止蚊虫叮咬的面罩及药品，并注射森林脑炎疫苗。进入草原或林区要扎紧领口、袖口、衣摆和裤脚。

C. 在农村作业时，遇到狗、猫，不要招惹，要留意其行为动向。一旦被狗、猫咬伤、抓伤后，首先要挤出污血，用肥皂水反复冲洗伤口，再用大量清水冲洗干净，最后涂擦酒精或碘酒。事后及时注射狂犬病疫苗。注射狂犬病疫苗必须去正规防疫站。

D. 野外出行可以自己决定，只要自己戴好安全防护设施即可。

2. 四川某单位出现火灾，该地方领导隐瞒上报，请问地方人民政府、安全生产监督管理部门和负有安全生产监督管理职责的有关部门有下列（　　）之一的，对直接负责的主管人员和其他直接责任人员依法给予处分；构成犯罪的，依法追究刑事责任：

A. 不立即组织事故抢救的

B. 迟报、漏报、谎报或者瞒报事故的

C. 阻碍、干涉事故调查工作的

D. 在事故调查中做伪证或者指使他人做伪证的

【练习题】

一、填空

1. 仪器的“三防”指__________、__________、__________。

2. 测绘单位应设置__________员。作业人员应遵守本单位的安全生产管理制度和操作细则，了解其作业场所、工作岗位存在的危险因素及防范措施；__________人员还应掌握必备的野外生存、避险及相关应急技能。

3. 出测、收测前，制订行车计划，明确____人，单车行驶应配有押车人员。

4. 在戈壁、沙漠和高原等人烟稀少、条件恶劣的地方应采用________，作业车辆应加固，配备适宜的轮胎，每车应有双备胎。

5. 途中停车休息或就餐，应锁好车门，________。

6. 禁止食用霉烂、变质和被污染过的食物，禁止食用不易识别的野菜、野果、野生菌菇等野生植物。禁止__________。不接触和不食用死、病畜肉。禁止饮用异味、异色和被污染的地表水和井水。

7. 生、熟食物应________,禁止食用发霉、变质、过期的食物。并应防止动物侵害。

8. 驻地电线合理布设,使用插线板要注意负荷,切勿________。

9. 使用电水壶、电暖气、电褥子时,人员不能____,防止发生危险。

10. 面积大于 100 m^2 的作业场所的安全出口不少于____,安全出口、通道、楼梯等应保持畅通并设有明显标志和应急照明设施。

11. 仪器设备的安装、检修和使用,必须____________。凡对人体可能构成伤害的危险部位,都要设置安全防护装置。所有用电动力设备,必须按照规定__________,保持接地良好。

12. 仪器设备须有专人管理,并进行________、维护和保养,禁止仪器设备带故障运行。

13. 内业作业场所照明、____、____等环境条件应符合作业要求。

14. 经批准联网的计算机,上网的账户及密码应指定专人管理,________、生产资料不能发送电子邮件,要确保机要事项、测绘资料信息的安全和保密。

15. 水上作业人员应穿______、避免单人上船作业。应选择租用配有救生圈、绳索、竹竿等安全防护救生设备和必要的通信设备,租用具有__________的船只,行船应听从船长指挥。

16. 在城区或道路上进行地下管线探测作业时,应在管道口设置________________,安排专人担任安全警戒员。

17. 高空现场作业人员应佩戴__________和______,不得赤脚。作业前要认真检查攀登工具和安全防护带,保证完好。安全防护带要高挂低用,不得打结使用。

18. 外业到沼泽地区时应配备必要的绳索、木板和长约______米的探测棒。

19. 外业结束收测时应对车辆进行__________,制订行车计划,禁止夜间行车和疲劳驾驶。

20. 测绘外业生产时,根据《测绘作业人员安全规程》要求,测绘人员沿铁路、公路作业时,应穿着起安全警示作用的______________。

二、简答题

1. 在高压输电线路附近、施工区、街道、桥隧等区域进行测量作业时应该注意哪些安全问题?如何采取有效防治措施?

2. 对数据存储环境、介质维护及数据维护的主要要求有哪些?

项目六　测绘工程质量控制与管理

项目六课件

项目概述

本项目从测绘工程管理质量控制的基本概念出发，讲述了标准和标准化的概念，对我国的标准系列有一个大体了解；通过对测绘的不同专业影响因素和质量元素的分析，了解我国测绘标准的不同类别、计量和管理原则；通过对国际质量管理与认证体系的标准组成的认识，了解我国测绘企业贯标必须遵循的原则和方法。对于我国自有特色的测绘成果的"两级检查一级验收"制度，一定要在生产经营中严格落实。

学习目标

知识目标：重点学习我国测绘工程质量管理控制中的过程检查、最终检查和成果验收方法，随机抽样检查的原则、方法和质量等级评定中的计算过程及质量判别。

能力目标：成果检验的方法及质量等级判定。

素质目标：重视质量控制，节约社会资源，保障经济可持续发展。

任务一　测绘工程质量控制

测绘工程若想按照承接合同的要求，按计划保质保量完成项目任务，必须采取一定的措施，对测绘过程进行要求，对成果质量进行规定。各种测绘工程项目都有一些通用性的特征，所以为使这些过程和成果标准统一，对测绘工程项目的甲乙双方不偏不倚，国家、行业、地方或企业建立了相关的标准，对生产过程进行规范，对成果进行甄别。

一、标准和标准化

（一）标准

标准通常是指为了在一定的范围内获得最佳秩序或取得最佳的社会效益，经协商一致制定并由公认机构批准，共同使用的和重复使用的一种规范性文件。标准制定之后将作为共同遵守的准则和依据。

标准是对重复性事物和概念所做的统一规定，它以科学、技术和实践经验的综合为基础，经过有关方面协商一致，由主管机构批准，以特定的形式发布，作为共同遵守的准则和依据。

（二）标准化

标准化是指在经济、技术、科学和管理等社会实践中，对重复性的事物和概念，通过制定、发布和实施标准达到统一,以获得最佳秩序和社会效益。

(三)标准和标准化的区别

标准是对一定范围内的重复性事物和概念所做的统一规定,是科学、技术和实践经验的总结。标准的载体即表现形式为文件;为在一定的范围内获得最佳秩序,对实际的或潜在的问题制定共同的和重复使用的规则的活动,即制定、发布及实施标准的过程,称为标准化;简而言之,标准化是确定标准的过程。

二、标准级别和标准种类

(一)标准级别

依据《中华人民共和国标准化法》的规定,根据级别的不同,将标准区分为国家标准、行业标准、地方标准、企业标准和国家标准化指导性技术文件。

1. 国家标准

国家标准,简称国标,分为强制性标准和推荐性标准,均为需要在全国范围内统一要求的技术标准和规定。对保障人身健康和生命财产安全、国家安全、生态环境安全以及满足经济社会管理基本需要的技术要求,应当制定强制性国家标准。强制性国家标准由国务院有关行政主管部门依据职责提出、组织起草、征求意见和技术审查,由国务院标准化行政主管部门负责立项、编号和对外通报,由国务院批准发布或授权发布。强制性国家标准的代号为“GB”,为“国标”汉语的首字母。对于满足基础通用、与强制性国家标准配套、对各有关行业起引领作用等需要的技术要求,可以制定推荐性国家标准。推荐性国家标准由国务院标准化行政主管部门制定,其代号为“GB/T”。推荐性国家标准一般指在生产、检验、使用等方面,通过经济手段或市场调节而自愿采用的国家标准。但推荐性国家标准一经接受并采用,或各方商定同意纳入经济合同中,就成为各方必须共同遵守的技术依据,具有法律上的约束性。

2. 行业标准

行业标准,指对没有国家标准而又需要在全国某个行业范围内统一的技术要求,所制定的标准。行业标准是对国家标准的补充,是专业性、技术性较强的标准。行业标准的制定不得与国家标准相抵触,相应的国家标准公布实施后,行业标准即行废止。行业标准的制定、审批、编号、发布工作由归口部门进行管理。归口单位、行业的标准代号的审定工作由国家标准化行政主管部门进行。行业标准也分强制性标准和推荐性标准,标准代号分别为“CH”或“CH/T”。

3. 地方标准

地方标准,指由省、自治区、直辖市人民政府标准化行政主管部门确定地方标准的项目,在某一地区范围内统一的标准。一般在没有国家标准和行业标准的情况下才进行制定,主要目的为推动有地域特色的经济的发展和规范,发挥地区优势,有利于提高地方产品的质量和竞争能力,同时使标准更符合地方实际,有利于标准的贯彻执行。地方标准由省、自治区、直辖市标准化行政主管部门统一编制计划、组织制定、审批、编号和发布。地方标准的代号由汉语拼音字母“DB”加上省、自治区、直辖市行政区划代码前两位数再加斜线,组成强制性地方标准代号。再加“T”,组成推荐性地方标准代号。

4. 企业标准

企业标准,是在企业范围内需要协调、统一的技术要求、管理要求和工作要求所制定的标准。企业标准由企业制定,由企业法人代表或法人代表授权的主管领导批准、发布。企业标准一般以“Q”标准的开头。国家鼓励企业自行制定严于国家标准或行业标准的内部标准。企业标准制定时,也可能属于以下情况:

(1)企业生产的产品,没有国家标准、行业标准和地方标准的,制定的企业产品标准。

(2)为提高产品质量和技术进步,制定的严于国家标准、行业标准或地方标准的企业产品标准。

(3)对国家标准、行业标准的选择或补充的标准。

(4)工艺、工装、半成品和方法标准。

(5)生产、经营活动中的管理标准和工作标准。

5. 国家标准化指导性技术文件

国家标准化指导性技术文件,代号“GB/Z”,是为仍处于技术发展过程中(如变化快的技术领域)的标准化工作提供指南或信息,供科研、设计、生产、使用和管理等有关人员参考使用而制定的标准文件,它是国家标准的补充。指导性技术文件的编号,由指导性技术文件的代号、顺序号和年号(发布年份的四位数字)组成。

(二)标准种类

按标准的专业性质,通常将标准分为技术标准、管理标准和工作标准三类。

技术标准,是对标准化领域中需要协调统一的技术事项所制定的标准。按其标准化对象特征和作用,可分为基础标准、产品标准、方法标准、安全卫生与环境保护标准等。按标准的强制程度,可分为强制性标准与推荐性标准;按标准在企业中的适用范围,又可分为公司标准、工用标准和科室标准等。

管理标准,是指对标准化领域中需要协调统一的管理事项所制定的标准。管理标准可以对管理的基本情况制定管理基础标准,对技术中的管理工作制定技术管理标准,对经济管理手段制定经济管理标准,还可以制定行政管理标准和生产经营管理标准等管理类标准。

工作标准,是指对标准化领域中需要协调统一的工作事项所制定的标准,目的是提高工作质量和工作效率,实现工作过程的协调统一。一般是对岗位工作的范围、责任、权利、程序、要求、效果、检查方法等做出的一些规定。由于它是指一个训练有素的人员完成一定工作所需的时间,完成这样的工作应该用预先设定好的方法,用其正常的努力程度和正常的技能(非超常发挥),所以工作标准也称为时间标准。各工种定额的确定就是在一定的工作标准情况下制定出来的。

三、测绘标准化的基本概念及测绘标准的分类

(一)测绘标准化概念

根据上述标准化的概念,我们知道,制定、发布及实施标准的过程,称为标准化,所以测绘标准化就是在测绘生产和管理的过程中,对重复性的事物和概念进行标准化的过程,以期取得较好的秩序和效益的过程。

国家测绘地理信息局为加强测绘标准化工作的统一管理,提高测绘标准的科学性、协调性和适用性,促进工作的规范化、制度化,于 2008 年 3 月出台了《测绘标准化工作管理办

法》。另外,国家测绘地理信息局于 2008 年 1 月出版了《中华人民共和国测绘行业标准化指导性技术文件》,旨在使测绘项目顺利开展和实施,提高测绘成果质量检验报告编写的质量,统一检验报告格式,规范检验报告而编制。

2017 年 9 月对《测绘标准体系》进行了修订,按信息、技术和工程等多个视角对测绘标准进行了分类和架构。

测绘地理信息标准化是各级测绘地理信息行政主管部门依法行政的重要内容,有利于保障重大测绘工程的顺利实施,有利于推动测绘成果的共建共享和社会化应用,有利于促进地理信息产业的健康发展。

(二)测绘标准分类

测绘标准种类繁多,随着技术的革新及发展,新的标准也不断形成和公布,因此其数量是动态变化的,我们对测绘标准进行学习时可按 2017 年修订后的六个大类进行。测绘标准分别为定义与描述、获取与处理、成果、应用服务、检验与测试和管理共 6 大类 36 小类标准,每一个小类标准包含若干国家标准或行业标准。

1. 定义与描述类

定义与描述类标准主要对各种专业术语进行的基础性、公共性描述,使标准化使用的各方都能对地理信息相关内容互联互通和一致理解,从而促进地理信息的融合、共享、应用和推广。此类标准是其他标准的基础和依据,可以被其他标准所引用,因此该类标准要严谨、经得起推敲。如《工程测量基本术语标准》(GB/T 50228—2011)。

2. 获取与处理类

获取与处理类标准主要将测绘地理信息数据的获取与处理中各专业技术工作及各类工程中需要协调的各种技术、方法、过程等作为对象制定的标准。获取与处理类专业标准有"大地测量""摄影测量与遥感""不动产测绘""地图编制与印刷""海洋测绘""界线测绘""工程测量"7 个小类的标准。

此类标准规定了信息获取、加工、处理等的原则、方法和精度要求,对技术参数进行确定等,保证了数据的质量和测绘成果的精度。

3. 成果类

成果类标准主要指测绘成果生产、使用和维护中需遵守技术准则、要求方面的专用标准。该类标准描述测绘成果的结构、规格、质量等技术指标,以保证测绘成果的规范性。标准又细分为遥感数据成果、基础地理信息成果、基础地理国情监测成果、基本比例尺地形图、公众版测绘成果、数据库、其他成果 7 个小类的标准。

4. 应用服务类

应用服务类标准主要是测绘应用服务对象定义与描述、技术要求与流程、成果内容与指标、服务运行等方面进行规范的专用标准。该类标准为测绘应用服务提供支撑。

5. 检验与测试类

检验与测试类标准提供质量要求、检测内容与方法、质量评定等。检验与测试类标准为验证测绘生产、成果和应用服务是否满足确定准则,对成果、仪器设备、软件和环境进行检查和验收的通用或专用标准。检验与测试类标准提供质量要求、检测内容与方法、质量评定等。

6. 管理类

管理类标准是为保障测绘工作的协调运行和顺利实施，以测绘管理领域共性因素为对象所制定的通用标准，通常管理类标准提供测绘项目、成果、文档和安全方面的管理手段和措施，是测绘生产、管理和维护的重要保障。

四、测绘工程生产过程及成果质量的影响因素

测绘成果的质量由测绘生产的各个环节的质量及最终成果的精度情况决定。因此，我们通常将成果的影响因素设为质量元素。

（一）大地测量

在大地测量领域内，一般需要埋设点位标石的测绘成果的质量元素设为数据质量、点位质量和资料质量三项；不需埋设点位标石的成果（如光电测距成果）的质量元素设为数据质量和资料质量；而单纯是计算类成果（大地测量计算成果）的质量元素只有成果的正确性和完整性两项。这也很好理解，根据测绘的误差公理，测绘生产的各个环节都存在一定的误差，这些误差的联合影响造成最后点位的成果与实地的情况有一些差值，而社会生产力水平和测绘技术的现状是制约人类对测绘成果的获得只能在一定的范围和质量下，不可能绝对无误。

（二）工程测量

工程测量成果主要根据成果的形式，分为平面控制测量成果、高程控制测量成果、大比例尺地形图、线路测量成果、施工测量成果、变形测量成果、管线测量成果及水下地形测量成果等。其中，比较特别的是大比例尺地形图和管线测量成果，大比例尺地形图的质量元素是数学精度、数据及结构的正确性、地理精度、整饰质量及附件质量；管线测量成果的质量元素是管线图质量和资料质量，其余各项成果均和大地测量成果的质量元素一样，包括三项。

（三）摄影测量与遥感

摄影测量与遥感成果主要包括像片控制测量成果、像片调绘成果、空中三角测量成果及中小比例尺地形图内容。与大多数测量类似，空中三角测量仅有数据质量、布点质量和附件质量等三项质量元素；因像片控制测量成果和像片调绘成果中有影像和图，所以它们的影响因素与前述成果略有不同，一般根据生产工艺过程的情况要有整饰质量元素，而像片调绘是一项需要到实地核实成果与实地一致性的内容，因此它的影响元素就有地理精度、属性精度、整饰质量及附件质量四项；中小比例尺地形图的质量元素与前述大比例尺地形图的质量元素相同，这里不再赘述。

（四）地图编制成果

地图编制成果主要包括普通地图的编绘原图和印刷原图、专题地图的编绘原图和印刷原图、地图集、印刷成品及导航电子地图。普通地图上由于表示的信息和地形图类似，所以除“数据及结构的正确性”变为了“数据完整性与正确性”外，其余质量元素均不变；专题地图的编绘原图和印刷原图的质量元素为数据完整性与正确性、地图内容适用性、地图表示的科学性、地图精度、图面配置质量和附件质量；地图集的质量元素为整体质量和图集内图幅质量两项；印刷成品的质量元素为印刷质量、拼接质量和装订质量；导航电子地图的质量元素为位置精度、属性精度、选择一致性、完整性与正确性、图面质量与附件质量。

（五）地籍测绘

地籍测绘的成果主要包括地籍控制测量、地籍细部测量、地籍图和宗地图。地籍控制测量与前述控制测量一样，有三项质量元素。地籍细部测量由于成果测得有界址点和地物点，所以分别有界址点、地物点测量和资料质量三项质量元素；地籍图和宗地图则有数学精度、要素质量和资料质量三项质量元素。

（六）测绘航空摄影

测绘航空摄影的成果包括航空摄影成果、航空摄影扫描数据和卫星遥感影像，其成果形式包括航片、扫描数据及影像，所以其质量元素都包括有附件质量和影像质量元素，有外业观测的话，必然也有数据质量元素（如航空摄影成果和卫星遥感影像成果）。航空摄影必然要考虑飞行的质量，扫描的数据要考虑数据正确性和完整性这项质量元素。

（七）地理信息系统

地理信息系统的质量元素要考虑收集资料的质量、运行环境、数据（库）质量、系统结构与功能、系统管理与维护等。

总之，所有成果的质量元素都是构成成果结论正确性的影响因素，为检测的方便，每项质量元素若能细分，则在之下可以细分为若干质量子元素和具体的检查项。

五、测绘标准的制定及测绘计量的管理

（一）测绘标准的制定

测绘标准的制定和其他行业的标准制定一样，也是分测绘国家标准、测绘行业标准、测绘企业标准和测绘标准化指导性技术文件。

测绘国家标准主要从基本的、通用的内容进行规定和统一，是测绘地理信息技术的基本标准，如对测绘的术语、分类、代号、图式图例、国家各种基准、技术参数和各种系统的实现和维护等，各类专门的仪器、方法、过程、质量和检验管理等进行要求。分强制性标准和推荐性标准，强制性的用“GB”字样开头，推荐性的以“GB/T”开头。

测绘行业标准也是对测绘行业中需要统一，但没制定国家标准的技术、生产等内容进行要求，也分强制性标准和推荐性标准。

测绘标准化指导性技术文件主要针对技术尚在发展中，需要引导技术的发展和具备标准化价值，但因技术尚不成熟不能直接制定为标准的内容，采用国际上标准化组织以及其他国际组织技术报告的格式，对没有国家标准、行业标准的技术内容进行规定和要求的文件。

（二）测绘计量的管理

1. 测绘计量的概念及对测绘的作用

测绘的外业观测工作很多，想要取得合格的成果产品，必然以合格的仪器设备做保障。因此，测绘仪器工具的计量检验非常重要，此项结果也构成质量检查和验收的基础质量元素。

计量是实现单位统一、量值准确可靠的一项技术活动。采用一定的科学技术手段对计量单位进行统一，采用特定的法律手段进行规定和强制，进而达到某一行业管理的目的，可以归入计量的工作范围。

因此，测绘的计量工作，就是指以测绘技术和法律手段保证测量的数值准确可靠、单位统一的一项技术活动。因此，国家对准确的测绘计量在制度和要求上是统一的，不管测绘计

量的单位是何种性质，一定要保证是国家计量单位制以及计量的数值准确可靠，在全国范围内都能得到认可。因此，测绘计量标准也要统一。测绘计量标准指在测量器具检定、测试各类测绘器具的标准装置、器具和设施上都统一要求。

2. 计量检定的规定和检定人员的业务素养

为了认识计量工作的重要性和严肃性，国家于1996年颁布了《测绘计量管理暂行办法》，从而在法律上做出统一的规定。《测绘计量管理暂行办法》指出开展测绘计量器具的鉴定，应该执行国家、部门或地方计量检定规程，执行有关测绘技术标准或自行编写检校的办法报主管部门批准后使用，采用测绘主管部门制定的收费标准。

《测绘计量管理暂行办法》第十三条规定，承担测绘任务的单位和个体测绘业者，其所使用的测绘计量器具必须经政府计量行政主管部门考核合格的测绘计量检定机构或测绘计量标准检定合格，方可申领测绘资格证书。没有检定合格证书的，不予受理资格审查申请。

测绘计量器具若在生产中使用必须经周期检定合格，未经检定、检定不合格或超过检定周期的测绘计量器具，不得使用。在检定周期内的测绘计量器具可以由使用者依据使用情况自行检校。

而对测绘计量检定人员也有一些规定，此类法规在《计量法实施细则》中有明确规定。国家法定计量检定机构的计量检定人员，必须经县级以上人民政府计量行政部门考核合格，取得计量检定证件；其他单位的计量检定人员，由其主管部门考核、发证才可从事计量检定工作。

测绘计量检定人员资格认证工作自2012年后改由省级测绘地理信息行政主管部门组织实施。申请取得测绘计量检定资格的人员一般需满足中专以上文化程度，具有一定的技术职称，了解计量工作的法律法规及规章制度，掌握计量检定项目的专业知识和操作技能，在测绘计量检定机构工作等基本要求，并通过测绘主管部门组织的考试合格，包括测绘、计量基础知识，申请检定项目、测绘器具的专业知识和实际操作技能，法律法规知识，相应的测绘计量技术规范或标准。测绘计量检定人员资格考试在每年的第三季度举行一次。

任务二　国际质量管理与认证体系

一、ISO 9000 族标准简介

（一）ISO 9000 族标准

ISO 9000 族标准，是国际标准化组织质量管理和质量保证技术委员会（ISO/TC 176）于1994年提出的概念，并在此后历经四个版本，制定的所有国际标准；它可以帮助组织建立、实施并有效运行质量管理体系，是质量管理体系通用的要求或指南。它不受具体的行业或经济部门的限制，可广泛用于各种类型和规模的组织，在国内和国际贸易中起到促进相互理解和信任的作用。

ISO 9000 族标准的五个版本分别是：1987版、1994版、2000版、2008版和2015版。

（二）ISO 9000 族标准的核心标准

不论哪一版本的质量标准都由以下四个核心标准组成：

（1）ISO 9000 质量管理体系基础和术语。

(2)ISO 9001 质量管理体系要求。

(3)ISO 9004 质量管理体系业绩改进指南。

(4)ISO 9011 质量和(或)环境管理体系审核指南。

二、ISO 9000 族标准质量管理的原则

原则 1,以顾客为关注焦点:组织依存于其顾客。因此,组织应理解顾客当前和未来的需求,满足顾客并争取超越顾客的期望。

原则 2,领导作用:领导者确立本组织统一的宗旨和方向。他们应该创造并保持使员工能充分参与实现组织目标的内部环境。

原则 3,全员参与:各级人员是组织之本,只有他们的充分参与,才能使他们的才干为组织获益。

原则 4,过程方法:将相关的活动和资源作为过程进行管理,可以更高效地得到期望的结果。

原则 5,持续改进:组织总体业绩的持续改进应是组织的一个永恒的目标。

原则 6,征询决策:在数据和信息的分析和评估的基础上,制定的决策更加客观和可信。

原则 7,关系管理:要获得持续的成功,组织与其供应商和合作伙伴网络的关系管理通常很重要。

质量管理七项原则在实施的时候并非不可更改,因为它只是一个组织在质量管理方面的总体原则,这些原则需要通过具体的质量保证活动得到体现。具体应用时可将原则分为质量保证和质量管理两部分。质量保证,就是取得足够的信任以表明组织能够保证客户要求的质量,其所开展的活动主要涉及测定顾客的质量要求、设定质量方针和目标、建立并实施文件化的质量体系,最终确保质量目标的实现;质量管理作为一个组织经营管理的重要组成部分,要保证经营目标的实现。组织要生存、要发展、要提高效率和效益,当然离不开顾客,离不开质量。因而,从质量管理的角度,其要开展的活动要远胜于质量保证所需开展的活动。

三、ISO 9000 质量管理认证

企业若要实施其质量方针就必须建立有效运行的质量体系,通过对质量影响因素的分析,找出影响产品/服务的技术、管理及人的因素,并使之在所建立的质量体系中始终处于受控状态,以减少、消除或预防质量缺陷,保证满足顾客的需要和期望。

ISO 9000 系列标准,从规范化和通用性的角度体现了全面质量管理的思想和原则,代表了最先进的现代质量管理思想,无数事实证明,有效的质量管理是在激烈的市场竞争中取胜的手段之一,因此欲使组织的运行产生更大的效益及更高的效率,最有效的手段即是通过 ISO 9000 质量管理的认证。

(一)ISO 9000 质量管理体系的咨询与认证

企业想要获得 ISO 9000 质量管理的认证,必须咨询相关的 ISO 9000 质量管理咨询机构,获取质量管理的具体指导,制定出一系列的质量保证和质量管理文件并组织实施,再通过第三方质量管理认证机构的认可;即咨询并制定质量保证和质量管理措施与质量管理的认证工作是分开来完成的。ISO 9000 族标准认证,也可以理解为质量管理体系注册,就是由

国家批准的、公正的第三方机构——认证机构，依据 ISO 9000 族标准，对组织的质量管理体系实施进行评价，向公众证明该组织的质量管理体系符合 ISO 9000 族标准，能够提供合格产品，公众可以相信该组织的服务承诺和组织的产品质量是一致的。

1. 咨询机构的选择

测绘单位在进行质量体系认证时，一定要先找专业的咨询机构帮助企业建立适合自己单位情况的质量管理体系。所以，咨询机构的选择要考虑：该机构是否经国家认证认可监督委员会的批准；该机构的实力是否足够强，是否熟悉测绘行业，并在之前对测绘单位开展过相关的咨询工作并取得成功；是否具有法律地位、能独立承担民事责任的法律实体，即是否合法机构；是否受到测绘地理信息行业各部门的推荐和认同。

2. 认证机构的选择

同样，认证机构的选择也和咨询机构选择一样，要考虑认证机构是否国家认证认可监督委员会批准的合法的认证机构；其被认证的业务范围是否包含有测绘产品；认证机构是否独立的第三方，是否从事咨询工作、不会影响其认证的公正性；另外收费情况如何，能否接受其价格等。

（二）质量管理文件的分类、编写与审核批准

1. 质量管理文件的分类

质量管理文件制定的目的是使组织的质量过程合乎要求，质量方针导向正确，质量目标满足顾客的要求，获得必要的资源，调动了所有参与者的积极性和参与作用，在任务中建立、实施和保证了质量管理体系的落实和持续改进。

因此，质量管理体系的文件主要包括质量方针、质量目标、质量手册、质量计划、程序文件、作业文件、规范文件及记录文件等。

质量方针是测绘企业在质量上的追求、宗旨和方向，由单位的最高管理者进行批准和颁布；质量目标是与质量方针目标一致的，是质量方针在阶段性中的体现，是企业追求产品和过程质量的目标；质量手册是为了组织中的成员更好地领悟质量管理体系的目标和方针而具体制作的纲领性文件，可以在合同文件中有体现，也可作为质量体系认证时的证实文件和依据；质量计划是对特定产品或生产过程或合同中规定的质量管理、作业控制、资料提供和工作顺序等内容制定的文件，根据时间和工作阶段会有所不同；程序文件指对作业过程提供操作指导和过程监督的信息文件；作业文件是针对不同岗位、工种进行过程控制的比较详细的文件，具有可操作性，通常指规范、技术规程和细则等；规范文件是讲明具体要求的文件，它是涉及管理活动的规定、细则等涉及产品要求的产品工艺规范或规程文件和技术标准；记录文件指为达到预定效果提供记录客观事实的证据文件，如测绘产品中的各种外业观测记录手簿。

2. 质量管理文件的制定

实施 ISO 9000 标准的目的主要在于：

（1）推行国际标准化的管理，完成管理上的国际接轨。

（2）提高市场竞争力，提高组织的管理水平和工作效率，降低内部消耗，激励员工士气。

（3）采取目标式管理，明确各部门的质量目标，规范工作过程。

（4）改善观念，树立“以顾客为中心”的意识，提高个人工作质量；

（5）提高组织的新产品开发成功率，降低经营风险。

因此,质量管理文件的制定主要考虑整个文件体系的协调一致性、整体优化的思路和过程监督的方法原则,在具体测绘实践中会采取操作实施和试生产验证的原则。

其编写过程和步骤通常如下:

(1)管理组织机构参与。质量管理体系文件的制定离不开熟悉技术业务的领导、组织的参与和支持,但仅有专业技术人员的参与,也不足以将生产单位的工程项目全部保质保量完成,它离不开业务相关机构的参与、协调和监督,离不开资金、人力、物资等的支持,所以所有管理者和管理机构必须都参与其中,保证项目成果的各环节都参与文件的制定。

(2)文件编写组织的成立。要进行文件的编写,必须组织专门的人员进行编写,在经过集中培训 ISO 9000 质量管理标准之后,收集相关文件、规范资料等,统一编写思想、文字格式等。

(3)文件计划的制订。有了任务之后,根据具体参与人员可行性的文件计划,列出各参与人员的职责和分工、具体工作要求等。

(4)文件起草。根据编写计划和分工,各编写工作参与人员制订收集相关文件资料,做出适合自己企业施行的标准文件,对不太适合的地方进行修改、补充和修订,起草出实践上具有可操作性的质量保证和过程质量控制的文件。

(5)文件的论证与修改。起草的文件,拿到相关组织中进行研讨论证,对细节部分进行详细研讨,使文件不同类别之间能衔接,章节之间逻辑衔接,内容上协调、意思一致,均符合质量和客户的要求,体现出管理的特征。

3. 质量管理体系文件的批准发布

经过组织的论证、优化或修改的质量体系文件经过两轮(内部审核和外部审核)共三方(即第一方、第二方和第三方审核)的审核后,得到组织的最高管理者的批准(质量手册)、分管领导或部门负责人批准(程序文件和作业文件)等,成为企业的法规性的文件,在发布后即开始施行。

(三)质量管理体系的认证

1. 提交认证申请

根据《ISO 9001 质量管理体系要求》和《ISO 9011 质量和(或)环境管理体系审核指南》等文件,测绘生产单位向具有认证资质的机构提出认证申请书,并签订认证合同,提交自己建立的现行的质量管理体系文件,认证机构审核通过后提出是否进行审核认证的意见。

2. 现场审核

在审核组组长的主持下,召开审核会议,确认审核的过程、计划和审核方法。按照计划分工,按顺序进行现场审核,审核完毕进行确认资料报告文件中哪些不合格、审核报告意见和改进要求。

3. 审核组提交不合格的报告

审核组针对测绘单位在前期被提出的不合格内容进行的纠正和实施措施,进行验证合格,出具该不合格部分的报告,接受书面或现场的再次验证。

4. 明确推荐认证与否的意见

审核组组长在最末一次会议上提出,是否推荐认证的明确意见,认证机构根据审核组的审核报告及相关信息做出是否批准认证的决定。获批的,认证机构颁发认证标志和认证证书。

5. 复评或年度监督审核

已经过认证的测绘企业，在证书有效期内（3 年）由认证机构组织每年进行年度监督审核和换证复评，对监督审核和复评时发现的问题，向获认证测绘单位提出整改、暂停认证注册或撤销认证注册的处分或整改措施。

（四）质量管理体系的运行与持续改进

1. 运行

欲使测绘产品的质量有保证和过程合乎要求，要对测绘单位的全部或部分员工实行培训、试运行、整改、运行前准备和正式运行。

通过培训，可使员工从思想上有所认识，对产品质量的直接和间接参与者起到行动上约束的作用和自觉的质量约束力，改善作业习惯和管理方法。

找出复杂的生产过程中若干有代表性的内容，通过试运行，验证前期制定的质量体系文件的有效性和适宜性。

对试运行过程中不合适的地方进行整改，使质量体系能够表述得更清晰明确，保证质量体系文件的适用有效合理，并重新审批发布。

试运行后对正式运行前尚要做一些对质量体系文件全面实施的准备，如文件的打印、装订和编号、发放，各种记录统计表格的印刷和发放确认；各种仪器设备工具的校验、标识等，各种技术问题处理意见的发布等。

准备好各质量管理体系正式文件后，对全部参与人员进行发布，之后进入运行阶段。各项目文件和技术设计文件要确保被测绘的职工进行理解，并在生产过程和成果验收过程中全面采用。

2. 持续改进

根据《ISO 9004 质量管理体系业绩改进指南》，为使测绘单位全面执行质量管理体系文件，实现测绘生产过程的持续改进，测绘单位应在质量方针、质量目标和各项文件实施的过程中不断地探索论证质量管理体系的有效性；对经调查分析发现存在可能不合格的成果，要及时采取确保不再发生不合格的措施，跟踪记录，采取有效纠正措施，并评审采取的纠正措施的有效性等。

（五）我国 2016 版 GB/T 19001 标准

2015 年国际标准化组织颁布了 2015 年版的 ISO 9001，2016 年我国发布了《质量管理体系要求》（GB/T 19001—2016）等同于 GB/T 19001 并提出于 2017 年 7 月 1 日实施。

我国 2016 版 GB/T 19001 标准采用了《ISO/IEC 导则 第 1 部分 ISO 补充规定》的附件 SL 中给出的高层结构；采用基于风险的思维，规定性要求比以往更少了，对成文信息的要求更加灵活，提高了服务行业的适用性，更强调组织的环境，增强对领导作用的要求，更加注重实现预期的过程结果，增强顾客的满意度。

任务三　测绘成果质量检查与验收制度

测绘地理信息成果的质量如想满足要求，必须按照国家、行业、企业的标准和甲方的合同要求，控制好过程合乎要求、成果满足最终要求及达到验收标准才行。为此，国家颁布相关法律法规：《测绘地理信息质量管理办法》《测绘生产质量管理规定》《关于加强测绘质量管理的若干意见》和《测绘成果质量监督抽查管理办法》等，从法律层面对测绘地理信息的成果检查验收进行了管理规定。

一、行使测绘地理信息质量监督管理职责的部门

在测绘质量成果的生产过程中，一定要全员参与，既要符合技术标准，又要满足客户需求。而国家各级测绘地理信息主管部门对政府、个人或企业投资的测绘项目负有监督管理的职责，国家测绘地理信息主管部门负责全国测绘地理信息成果质量的统一监督管理；县级以上地方人民政府测绘地理信息主管部门负责本行政区域内测绘地理信息质量监督管理。

二、检查验收的概念和常用术语

（一）基本概念

测绘成果检查验收指为了评定测绘成果的质量，严格按照相关技术细则或标准，通过一定的分析、判断等手段，结合测量、试验、检验等方法对测绘成果进行的符合性评价。

（二）常用术语

（1）单位产品：为实施抽样检验的需要而划分的基本单位。例如地籍测绘产品中的以“幅”为单位的各种比例尺地籍测绘成果等。

（2）检验批（简称批）：为实施抽样检验而汇集起来的单位产品。

（3）样本单位：从批中抽取的用于检验的单位产品。

（4）样本：从批中抽取的用于检验的单位产品的全体。

（5）同精度检测：检测的技术要求与生产的技术要求相同。

（6）高精度检测：检测的技术要求高于生产的技术要求。

（7）随机抽样：从包含 N 个个体的总体中抽取 1 个，抽样时，使构成总体的单位产品都以相同的概率包括在样本中。

（8）详查：对样本进行的全面检查。

（9）概查：对样本以外的、影响产品质量的重要质量特性和带倾向性问题所做的检查。

（10）错漏：检查项的检查结果与要求存在的差异。根据差异的程度，将其分为 A、B、C、D 四类。A 类：极重要检查项的错漏，或检查项的极严重错漏；B 类：重要检查项的错漏，或检查项的严重错漏；C 类：较重要检查项的错漏，或检查项的较重错漏；D 类：一般检查项的轻微错漏。测绘成果中出现 A 类错漏，即为不合格成果。

（11）质量元素：说明质量的定性定量组成部分，即成果满足规定和使用目的的基本特性。成果的内容和必须遵循的规范要求决定了质量元素的内容和适用性。

（12）质量子元素：质量元素的检查内容。说明质量的最小单位，质量评定的最小实施对象。

（13）抽样检查：从批成果中抽取一定数量的样本进行检查。

（14）全数检查：对批成果中全部单位成果逐一进行的检查。

三、质量监督管理的“二级检查、一级验收”制度

“二级检查、一级验收”制度指测绘作业部门负责过程检查，测绘单位负责最终检查，项目委托方负责项目验收的制度。

（一）过程检查

根据《测绘地理信息质量管理办法》的规定，在作业组（人员）自查互检的基础上，按相应的技术标准、技术设计书和有关的技术规定，对作业组生产的产品所进行的全面检查。测绘地理信息的过程成果要达到规定的质量要求后方可转入下一工序。必要时，可在关键工序、难点工序设置检查点，或开展首件成果检验。

过程检查由中队（室、车间）检查人员承担。

过程检查采用全数检查，逐个单位成果进行详查，检查出错误必须经修改后通过复查，才能提交最终检查。

（二）最终检查

在过程检查的基础上，生产单位对作业组生产的产品所进行的再一次全面检查。测绘成果的最终检查一般由设在测绘单位的质量管理和质量检查机构（甲、乙级测绘资质单位），或专职的质量管理和检查人员（丙、丁级测绘资质单位）负责实施。

最终检查一般采用全数检查。如涉及外业的检查项可采用抽样检查，样本以外的内业成果实施全数检查。最终检查不合格的单位成果应退回处理并重新进行最终检查。最终检查为合格的成果，检查出的错误必须修改后再通过复查后，方可提交验收。

最终检查完成后，应编写检查报告，随成果一起提交验收。

（三）项目验收

为判断受检批能否被接收而进行的检验称为验收。验收一般采用抽样检查。质量检验机构对样本进行详查，必要时对样本以外的单位成果的重要检查项进行概查。验收时应审核最终检查记录，审核中发现的问题作为资料质量错漏处理。

1. 检查验收依据

质量验收的依据：国家有关的法律法规、国家标准、行业标准、技术结束书、测绘任务书、甲乙双方签订的合同文件、委托验收文件等。

2. 验收形式及资料内容

基础测绘项目、测绘地理信息专项和重大建设工程测绘地理信息项目的成果未经测绘质检实施质量检验，不得采取材料验收、会议验收等方式验收，以确保成果质量。其他项目的验收需根据合同的约定执行。

验收资料包括：项目设计书、专业技术设计书、技术总结；文档簿、跟踪卡；数据文件、包括图廓内外整饰信息文件、元数据文件等；作为数据源使用的原图或二底图；图形或影像数据输出的检查图或模拟图；技术规定或技术设计书规定的基本文件资料。

3. 检验报告的编写

验收结束要进行测绘成果质量检验报告的编写，要按照行业标准化指导文件的规定进行编写。

（四）检查验收中的问题处理及规定

1. 检查验收资料需归档

检查验收时，要将质量问题及其处理记录、质量统计记录做好，最终检查、验收工作结束后，分别编写检查、验收报告并在测绘成果归档时一起归档。

2. 问题处理

过程检查、最终检查中发现的质量问题应该予以改正后才能进行验收。对检查中的质量问题的判定存在分歧时，由测绘单位总工程师裁定。

验收中发现不符合技术标准、技术设计书或其他有关技术规定的成果时，应及时提出处理意见交测绘单位进行改正。技术问题较多或性质较重时，可将部分或全部成果退回测绘单位或部门重新处理，然后进行验收。

验收为合格的批成果，测绘单位或部门对验收中发现的问题进行处理，然后提交复查。经验收判为不合格的批，要将检验批全部退回测绘单位或部门进行处理，然后再次申请验收。再次验收时应重新抽样。

验收工作中，当对质量问题的判定存在分歧时，由委托方或项目管理单位裁定。

3. 高精度检测与同精度检测

图类单位成果，对其进行高程精度检测、平面位置精度检测及相对位置精度检测，检测点（边）应分布均匀、位置明显，每幅图大概有 20~50 个检测点，视地物复杂程度和比例尺大小可以作适当调整。

四、抽样检查

（一）抽样程序

抽样程序如图 6-1 所示。

图 6-1　抽样程序

（二）组成检验批

检验批指在同一种技术设计要求下生产的、同一测区、同样的比例尺的成果。如果一次生产的数量较多，也可按照生产时作业方法、使用仪器不同，生产时间不同或作业部门不同等条件分别组成检验批，分批次进行检验。

（三）确定样本量

成果进行检验时往往采用抽样检查，根据检验批成果数量确定样本数量。具体抽样的批量与样本量对照见表 6-1。

表 6-1　批量与样本量对照

批量	样本量	批量	样本量
1~20	3	121~140	12
21~40	5	141~160	13
41~60	7	161~180	14
61~80	9	181~200	15
81~100	10	≥201	分批次提交，批次数量应最小，各批次批量要求均匀
101~120	11		

注：样本数量较少时，采用全数检查。

(四)抽取样本

样本在整个成果中应分布均匀,才能反映整个批次成果的总体情况。对于以“点”“景”为单位的检验批,一般采用简单随机抽样,也可根据生产方式或时间、等级等采用分层随机抽样。依据样本数量按照表6-1进行抽取样本,并提取单位成果的全部有关资料。对于需要提交的项目设计书、专业技术设计书等检查验收依据要全部提取,另外还要提取仪器检定证书、检验资料复印件等文档资料。

(五)检验

检验时根据成果性质,采用概查或详查方式,对成果进行检查验收,统计其中的各类错漏数量,计算错误率和中误差等。

(六)质量评定

1. 成果质量错漏扣分原则

成果质量评定时,根据质量子元素的标准,判断为A类差错的将扣去42分;属于B类差错的将扣去12/t(一般情况下$t=1$,困难类别不同时按《测绘生产困难类别细则》进行调整),属于C类差错的将扣去4/t,属于D类差错的将扣去1/t分。

2. 数学精度评分标准

根据质量评定办法,对成果评定出质量等级属于合格批或是不合格批,合格批成果质量属于哪一类等级,如优、良、合格。表6-2为数学精度评定办法。

表6-2 数学精度评定办法

数学精度值	质量分数
$0 \leqslant M \leqslant 1/3 \times M_0$	$S=100$
$1/3 \times M_0 < M \leqslant 1/2 \times M_0$	$90 \leqslant S < 100$
$1/2 \times M_0 < M \leqslant 3/4 \times M_0$	$75 \leqslant S < 90$
$3/4 \times M_0 < M \leqslant M_0$	$60 \leqslant S < 75$

$$M_0 = \sqrt{m_1^2 + m_2{}^2}$$

式中,M_0为允许中误差的绝对值,m_1为规范中或技术文件要求中的成果中误差,m_2为检测中误差(高精度时取$m_2=0$),M为成果中误差的绝对值;S为质量分数(分数值根据数学精度的绝对值所在区间进行内插)

3. 质量子元素评分方法

按照批检查成果中出现的错漏数量,对各类错漏进行加权平均,得出成果得分。若没出现错漏,则直接为100分;若出现错漏,则用出现错漏的数量乘以该类错漏的每个扣分,得出总的错漏扣分值,用100减去错漏扣分即得最后的得分。

4. 质量元素评分方法

由于每种质量元素均含有若干个质量子元素,所以计算出质量子元素的得分,必须进行加权平均才能计算出该项质量元素的得分。

5. 单位成果质量评分办法

根据前面知识,根据各类测量内容的不同,其成果质量元素均由若干项组成,因此单位成果质量是对质量元素分值的加权平均,得出最终得分。根据得分属于表 6-3 中哪个档位,则成果质量等级属于左侧的哪种等级。

表 6-3 单位质量成果等级评定标准

质量等级	质量得分
优	$S \geqslant 90$
良	$75 \leqslant S < 90$
合格	$60 \leqslant S < 75$
不合格	$S < 60$

根据前面的错漏等级扣分原则,出现 A 类错误直接扣去 42 分,即为不合格。另外,如果根据单位成果高程精度检测、平面位置精度检测及相对位置精度检测,任一项粗差比例超过 5%,也应该判定为不合格;质量子元素质量得分小于 60 分也判定为不合格。

6. 样本质量评定

当样本中出现不合格单位成果时,样本质量应判定为不合格。只有当全部单位成果合格后,根据单位成果的质量得分,按算术平均方式计算样本质量得分,按表 6-4 评定等级。

表 6-4 样本质量等级评定标准

质量等级	质量分数
优	$S \geqslant 90$
良	$75 \leqslant S < 90$
合格	$60 \leqslant S < 75$

7. 批质量评定与判定

最终检查批成果质量合格后,优良品率达到 90% 以上时并且优级品率达到 50% 以上时,批成果按“优”级,优良品率达到 80% 以上,其中优级品率达到 30% 以上时,批成果按“良”级;未达到以上优良级的,按“合格”级。

批成果质量按质量等级分为批合格或批不合格。若使用的仪器未经计量检定或发现使用了检定不合格的测量仪器的,批成果直接判定为不合格;概查或详查中有不合格的;有伪造成果现象或技术路线有重大问题的,均为批不合格。

五、测绘地理信息成果质量不合格的惩处

根据 2017 年 7 月 1 日施行的新《中华人民共和国测绘法》第六十三条的规定,违反《中华人民共和国测绘法》的规定,测绘成果质量不合格的,责令测绘单位补测或者重测;情节严重的,责令停业整顿,并处降低测绘资质等级或者吊销测绘资质证书;造成损失的,依法承

担赔偿责任。

案例分析与练习题

【案例分析】

1. 某单位在承揽某地区第三次全国土地调查项目的过程中，由于人员操作失误，使用中的仪器发生了损坏，项目经理甲在明知该仪器无法使用的情况下仍然授意操作员乙继续测量，在作业过程中遇到正在巡查的省测绘地理信息主管部门工作人员，请问如果你是该工作人员，应该向甲和乙指出哪些问题，使其认识到自己的错误并予以纠正？该单位的行为是否需要进行处罚？为什么？

2. 法人代表小李注册了一家民营测绘企业，已申请了丙级工程测量的测绘资质，请问该民营企业应该具备哪些标准化作业要求？

【练习题】

1. 根据《数字测绘成果质量检查与验收》(GB/T 18316—2008)，单位成果质量评定等级为良的，其质量得分 S 应为(　　)。

A. 65 分≤S<90 分　　B. 70 分≤S<90 分

C. 75 分≤S<90 分　　D. 80 分≤S<90 分

2. 根据《测绘成果质量检查与验收》(GB/T 24356—2023)，在抽样检查的情况下，样本质量得分 S 为(　　)。

A. 单位成果质量得分的加权平均值　　B. 单位成果质量得分的算术平均值

C. 单位成果质量得分的最小值　　D. 单位成果质量得分的最大值

3. 使用测绘计量标准器具，必须具备的条件是(　　)。

A. 经计量检定合格　　B. 具有正常工作所需的环境条件

C. 具有职称的保存、维护、使用人员　　D. 具有完善的管理制度

4. 下列属于质量管理的八项基本原则的是(　　)。

A. 整体优化原则　　B. 持续改进原则

C. 护理的供方关系原则　　D. 局部优化原则

E. 全员参与原则

5. 下列选项是起草质量管理体系文件时要考虑的因素是(　　)。

A. 产品满足法律法规的要求　　B. 单位的管理和装备水平

C. 单位各级人员的素质和能力　　D. 质量经济性与效率

E. 产品的特性及复杂程度

6. 关于测绘计量仪器检定的说法，正确的是(　　)。

A. 测绘单位使用的测绘仪器必须经周期检定合格，方可用于测绘生产

B. 测绘仪器只要经过周期检定，无论是否合格，均可用于测绘生产

C. 教学示范用测绘仪器可以免检，无需向测绘主管部门登记，即可使用

D. 教学示范用测绘仪器经检定合格后可用于测绘生产

E. 测绘仪器经国家权威科研机构的检测合格后即可用于测绘生产

7. 测绘产品单位成果质量评分方法包括(　　)。

A. 数学精度评定方法　　B. 测绘成果质量错漏扣分标准

C. 质量子元素评分方法　　D. 质量元素评分方法

E. 测量产品的质量特性权重

8. 某省测绘产品质量监督检验站进行监督检验时,对全部抽样进行检验,样品达标率100%,检验结果应该为(　　)。

A. 优秀　　B. 良好　　C. 批合格　　D. 批优秀

9. 关于测绘成果“两级检查、一级验收”描述正确的是(　　)。

A. 各级检查工作根据项目不同性质,可以相互代替

B. 各级检查工作应独立进行,若需省略或代替,经业主同意才可以

C. 各级检查工作应独立进行,不应省略或代替

D. 各级检查工作根据项目不同性质,可以相互省略或替代

10. 根据《数字测绘成果质量检查与验收》,单位质量评定通过单位质量分值评定质量等级,下列质量等级划分表述正确的是(　　)。

A. 质量等级划分为合格、不合格两级

B. 质量等级划分为批合格、批不合格两级

C. 质量等级划分为优级品、良级品、合格品、不合格品四级

D. 质量等级划分为优级品、合格品、不合格品三级

11. 为保障可持续发展,我们要保证测绘成果质量,需要贯待(　　)成果质师长控制制度。

A. 两级检查一级验收　　B. 一级检查一级验收

C. 直接验收

项目七　测绘成果管理

项目七课件

项目概述

测绘成果是国家重要的基础性、战略性资源，是一切测绘活动所形成的记录和最终成果。许多测绘成果都属于国家秘密，为加强测绘成果管理，维护国家安全和利益，保障测绘成果在国家经济建设、国防建设和社会发展中发挥更大的作用，国务院颁布了《中华人民共和国测绘成果管理条例》。本项目主要介绍了测绘成果保密管理规定、测绘成果汇交与保管、测绘成果提供利用和重要地理信息数据审核与公布等测绘成果管理相关内容，明确了测绘成果管理过程中的相关法律责任。

学习目标

知识目标：①测绘成果的特性；②测绘成果保密范围；③测绘成果汇交的内容；④基础测绘成果提供利用规定；⑤对外提供属于国家秘密的测绘成果审批；⑥重要地理信息数据内容及审核要求。

能力目标：会进行测绘成果汇交与保管。

素质目标：做有严守国家秘密职业操守的测绘人。

任务一　测绘成果概述

一、测绘成果的概念

测绘成果是指通过测绘形成的数据、信息、图件以及相关的技术资料，是各类测绘活动形成的记录和描述自然地理要素或者地表人工设施的形状、大小、空间位置及其属性的地理信息、数据、资料、图件和档案。

测绘成果分为基础测绘成果和非基础测绘成果。基础测绘成果包括全国性基础测绘成果和地区性基础测绘成果。测绘成果服务于经济建设、国防建设、社会发展和生态保护的各个领域，测绘成果的表现形式，涉及数据、信息、图件以及相关的技术资料等，主要包括：

(1)天文测量、大地测量、卫星大地测量、重力测量的数据和图件。

(2)航空航天摄影和遥感的底片、磁带。

(3)各种地图(包括地形图、普通地图、地籍图、海图和其他有关的专用地图等)及其数字化成果。

(4)各类基础地理信息以及在基础地理信息基础上挖掘、分析形成的信息。

(5)工程测量数据和图件。

(6)地理信息系统中的地理信息数据及其运行软件。

(7)其他有关的地理信息数据。

(8)与测绘成果直接有关的技术资料和档案等。

二、测绘成果的特征

(一)科学性

测绘成果的采集、加工和处理,必须依据一定的数学法则,借助于特定的测绘仪器装备以及特定的软件系统来进行,因而测绘成果具有科学性的特征。

(二)保密性

测绘成果涉及自然地理要素和地表人工设施的形状、大小、空间位置及其属性,大部分测绘成果都涉及国家秘密,关系国家安全和利益,具有保密性的特征。

(三)系统性

不同的测绘成果以及测绘成果的不同表示形式,都是依据一定的数学基础和投影法则,在一定的测绘基准和测绘系统控制下,按照"从整体到局部,先控制后碎部"的原则,有着内在的关联,具有系统性。

(四)专业性

不同种类的测绘成果,由于专业不同,其表示形式和精度要求也不尽相同。如大地测量成果与房产测绘成果等有着明显的区别,带有很强的专业性。

(五)具有著作权

测绘成果具有专业性、系统性、物质表现性、科学性和创作性,具备了作品具有著作权的基本要素。地图、地理信息系统以及地理信息数据等都具有著作权。

任务二　测绘成果保密管理

国家秘密是关系国家安全和利益,依照法定程序规定,在一定时间内只限一定范围人员知悉的事项。大部分测绘成果都属于国家秘密,为加强测绘成果管理,维护国家安全和利益,《中华人民共和国测绘法》对获取、持有、提供、利用涉密地理信息的行为进行了规定,并赋予了各级测绘地理信息主管部门关于涉密地理信息违法行为的行政处罚权,为加强涉密地理信息管理提供了坚实的法律保障。

一、测绘成果保密范围

测绘成果保密是指测绘成果由于涉及国家秘密,综合运用法律和行政手段将测绘成果严格限定在一定范围内和被一定范围内的人员知悉的活动。由于大部分的测绘成果都属于国家秘密,测绘成果也相应地划分为秘密测绘成果和公开测绘成果两类。

(一)秘密等级的定义

我国国家秘密的密级分为"绝密""机密""秘密"三级。

1. 绝密级

(1)公开或泄露会严重损害国家安全、领土主权、民族尊严的。

(2)公开或泄露会导致严重外交纠纷的。

(3)公开或泄露会严重威胁国防战略安全或削弱国家整体军事防御能力的。

2. 机密级

(1)公开或泄露会对国家重要军事设施的安全造成严重威胁的。

(2)公开或泄露会对国家安全警卫目标、设施的安全造成严重威胁的。

3. 秘密级

(1)公开或泄露会使保护国家秘密的措施可靠性降低或者失效的。

(2)公开或泄露会削弱国家局部军事防御能力和重要武器装备克敌效能的。

(3)公开或泄露会对国家军事设施、重要工程安全造成威胁的。

(二)测绘成果密级划分

1. 绝密

(1)国家大地坐标系、地心坐标系以及独立坐标系之间的相互转换参数。

(2)分辨率高于5′×5′;精度优于1毫伽的全国性高精度重力异常成果。

(3)1∶1万、1∶5万全国高精度数字高程模型。

(4)地形图保密处理技术参数及算法。

2. 机密

(1)国家等级控制点坐标成果以及其他与之精度相当的坐标成果。

(2)国家等级天文测量、三角测量、导线测量、卫星大地测量的观测成果。

(3)国家等级重力点成果及其他精度相当的重力点成果;分辨率高于30′×30′,精度优于5毫伽的重力异常成果。

(4)精度优于1 m的高程异常成果;精度优于3″的垂线偏差成果。

(5)涉及军事禁区的大于或等于1∶1万的国家基本比例尺地形图及数字化成果。

(6)1∶2.5万、1∶5万、1∶10万国家基本比例尺地形图及其数字化成果。

(7)空间精度及涉及的要素和范围相当于上述机密基础测绘成果的非基础测绘成果。

3. 秘密

(1)构成环线或者线路长度超过1 000 m的国家等级水准网成果资料。

(2)重力加密点成果。

(3)分辨率高于30′×30′至1°×1°,精度在5~10毫伽的重力异常成果;精度在1~2 m的高程异常成果;精度在3″~6″的垂线偏差成果。

(4)非军事禁区1∶5 000国家基本比例尺地形图,或多张连续的、覆盖范围超过6 km^2的大于1∶5 000的国家基本比例尺地形图及其数字化成果。

(5)1∶10万、1∶25万、1∶50万国家基本比例尺地形图及其数字化成果。

(6)军事禁区及国家安全要害部门所在地的航摄影像。

(7)空间精度及涉及的要素和范围相当于上述秘密基础测绘成果的非基础测绘成果。

(8)涉及军事、国家安全要害部门的点位名称及坐标,涉及国民经济重要设施精度优于100 m的点位坐标。

二、测绘成果保密规定

(一)测绘法律、法规对测绘成果保密管理的规定

(1)地理信息生产、保管、利用单位应当对属于国家秘密的地理信息的获取、持有、提供、利用情况进行登记并长期保存,实行可追溯管理。从事测绘活动涉及获取、持有、提供、利用属于国家秘密的地理信息,应当遵守保密法律、行政法规和国家有关规定。

(2)测绘成果保管单位应当采取措施保障测绘成果的完整和安全,并按照国家有关规定向社会公开和提供利用。测绘成果属于国家秘密的,适用国家保密法律、行政法规的规定;需要对外提供的,按照国务院和中央军事委员会规定的审批程序执行。测绘成果的秘密范围和秘密等级,应当依照保密、行政法规的规定,按照保障国家秘密安全、促进地理信息共享和应用的原则确定并及时调整、公布。

(3)测绘成果保管单位应当建立健全测绘成果资料的保管制度,配备必要的设施,确保测绘成果资料的安全,并对基础测绘成果资料实行异地备份存放制度。

(4)测绘成果保管单位应按照规定保管测绘成果资料,不得损毁、散失、转让。测绘项目的出资人或者承担测绘项目的单位,应当采取必要的措施,确保其获取的测绘成果安全。

(5)对外提供属于国家秘密的测绘成果,应当按照国务院和中央军事委员会规定的审批程序,报国务院测绘行政主管部门或者省、自治区、直辖市人民政府测绘行政主管部门审批;测绘行政主管部门在审批前,应当征求军队有关部门的意见。

(6)法人或者其他组织需要利用属于国家秘密的基础测绘成果的,应当提出明确的利用目的和范围,报测绘成果所在地的测绘主管部门审批。测绘主管部门在依法履行审批手续时,要以书面形式告知测绘成果的秘密等级、保密要求以及相关著作权保护要求。

(二)保密法对测绘成果保密的有关规定

(1)国家秘密载体的制作、收发、传递、使用、复制、保存、维修和销毁,应当符合国家保密规定。绝密级国家秘密载体应当在符合国家保密标准的设施、设备中保存,并指定专人管理;未经原定密机关、单位或者其上级机关批准,不得复制和摘抄;收发、传递和外出携带,应当指定专人负责,并采取必要的安全措施。

(2)存储、处理国家秘密的计算机信息系统(简称涉密信息系统)按照涉密程度实行分级保护。涉密信息系统应当按照国家保密标准配备保密设施、设备。保密设施、设备应当与涉密信息系统同步规划、同步建设、同步运行。涉密信息系统应当按照规定,经检查合格后,方可投入使用。

(3)机关、单位对外交往与合作中需要提供国家秘密事项,或者任用、聘用的境外人员因工作需要知悉国家秘密的,应当报国务院有关主管部门或者省、自治区、直辖市人民政府有关主管部门批准,并与对方签订保密协议。

(三)《关于进一步加强涉密测绘成果管理工作的通知》相关规定

(1)严格遵守航空摄影成果先送审后提供使用的规定。未按照国务院、中央军事委员会有关规定,经有关军区进行保密审查的航空摄影成果一律不得提供使用。

(2)必须按照先归档入库再提供使用的规定管理涉密测绘成果。国家级基础测绘成果向国家基础地理信息中心归档入库;地方基础测绘成果向地方相应测绘成果保管单位归档入库。未归档入库的涉密测绘成果一律不得提供使用。

(3)要严格执行涉密测绘成果提供使用审批制度。县级以上测绘行政主管部门要明确本机关负责成果管理的机构统一办理审批事项,不得多头审批、越级审批。未经行政审批,任何单位、部门和个人不得擅自提供使用涉密测绘成果。

(4)各测绘资质单位或者测绘项目出资人依法开展测绘活动获取的涉密测绘成果,应当采取必要的措施确保成果安全。需要向其他法人或者组织提供使用的,必须按管理权限报测绘成果所在地的县级以上测绘行政主管部门批准同意。

(5)涉密测绘成果使用单位,必须依据经审批同意的使用目的和范围使用涉密测绘成果。使用目的或项目完成后,使用单位必须按照有关规定及时销毁涉密测绘成果。如需要用于其他目的的,应另行办理审批手续。任何单位和个人不得擅自复制、转让或转借涉密测绘成果。

(四)《关于加强涉密测绘成果管理工作的通知》相关规定

(1)涉密测绘成果事关国家安全和利益,从事涉密测绘成果生产、加工、保管和使用等方面工作的涉密单位,应当遵守国家保密法律、法规和有关规定,建立健全保密管理制度,按照积极防范、突出重点、严格标准、明确责任的原则,对落实保密制度的情况进行定期或不定期的检查,及时解决保密工作中的问题。

(2)涉密单位应当建立保密管理领导责任制,切实履行保密职责和义务;设立保密工作机构,配备保密管理人员。应当根据接触、使用、保管涉密测绘成果的人员情况,区分核心涉密人员、重要涉密人员和一般涉密人员,实行分类管理,进行岗前涉密资格审查,签署保密责任书,加强日常管理和监督。

(3)涉密单位应当依照国家保密法律、法规和有关规定,对生产、加工、提供、传递、使用、复制、保存和销毁涉密测绘成果,建立严格登记管理制度,加强涉密计算机和存储介质的管理,禁止将涉密载体作为废品出售或处理。

(4)涉密单位要依照国家有关规定,及时确定涉密测绘成果保密要害部门、部位,明确岗位责任,设置安全可靠的保密防护措施。

(5)涉密单位应当对涉密计算机信息系统采取安全保密防护措施,不得使用无安全保密保障的设备处理、传输、存储涉密测绘成果。

(6)经审批获得的涉密测绘成果,被许可使用人只能用于被许可的使用目的和范围。使用目的或项目完成后,用户要按照规定及时销毁涉密测绘成果,由专人核对、清点、登记、造册、报批、监销,并报提供成果的单位备案;也可请提供成果的单位核对、回收,统一销毁。如需要用于其他目的,应另行办理审批手续。任何单位和个人不得擅自复制、转让或转借。

(7)用户若委托第三方承担成果开发、利用任务,第三方必须具有相应的成果保密条件,涉及测绘活动的,还应具备相应的测绘资质;用户必须与第三方签订成果保密责任书,第三方承担相关保密责任;委托任务完成后,用户必须及时回收或监督第三方按保密规定销毁涉密测绘成果及其衍生产品。

(8)涉密测绘成果严格实行“管”“用”分开。测绘成果保管单位不得擅自使用涉密测绘成果。确因工作需要使用的,必须按照涉密测绘成果提供使用管理办法,办理审批手续。

(9)要按照国家相关定密、标密规定,及时、准确地为测绘活动中产生的涉密测绘成果或衍生产品标明密级和保密期限。涉密测绘成果及其衍生产品,未经国家测绘地理信息局或者省级测绘地理信息主管部门进行保密技术处理的,不得公开使用,严禁在公共信息网络上登载发布使用。

(10)经国家批准的中外经济、文化、科技合作项目,凡涉及对外提供我国涉密测绘成果的,要依法报国家测绘地理信息局或者省、自治区、直辖市级测绘地理信息主管部门审批后再对外提供。

(11)外国的组织或者个人经批准在中华人民共和国领域内从事测绘活动的,所产生的测绘成果归中方部门或单位所有;未经国家测绘地理信息局批准,不得向外方提供,不得以任何形式将测绘成果携带或者传输出境。严禁任何单位和个人未经批准擅自对外提供涉密测绘成果。

(五)《关于加强涉密地理信息数据应用安全监管的通知》相关规定

(1)经依法审批获得涉密地理信息数据的企事业单位,必须遵守国家保密法律、法规和有关规定,建立健全保密管理制度,不得擅自向其他单位和个人复制、提供、转让或转借涉密地理信息数据。严禁任何单位和个人未经批准擅自对外提供涉密地理信息数据。

(2)涉密地理信息数据只能用于被许可的范围。使用目的实现后不再需要使用涉密地理信息数据的用户,要按照国家相关规定及时销毁涉密地理信息数据,并报涉密地理信息数据提供单位备案;也可请提供数据的单位核对、回收,统一销毁。如需超许可范围使用的,应另行办理审批手续。

(3)用户在涉及加工、处理、集成等使用涉密地理信息数据的建设项目(简称涉密项目)招标投标中,必须委托给国内具有相应测绘资质的单位(简称第三方)承担。严禁委托给外国企业或者外商独资、中外合作企业以及具有外资背景的企业承担涉密项目建设。

(4)若需第三方参与涉密项目的,在涉密项目建设前,用户必须与第三方签订地理信息数据保密责任书,明确责任和义务。涉密项目完成后,用户必须及时回收或监督第三方按规定销毁涉密地理信息数据及其衍生产品(新产生的涉密地理信息数据)。

(5)在使用涉密地理信息数据的项目中,用户必须严格管理,设定涉密环境,科学合理确定使用人,落实责任,确保使用过程中涉密地理信息数据及其衍生品的安全。严禁将涉密项目在公开环境下使用,特别是在互联网上使用。

(6)各级测绘地理信息主管部门要依法依规对持有涉密地理信息数据的用户运行的地理信息系统进行定期或不定期的检查。发现问题,要及时纠正,督促整改;情节严重的,要依法严肃处理。

(7)各级测绘行政主管部门要切实强化对各有关企事业单位相关涉密人员的保密教育和岗位培训,增强保密意识,筑牢严守国家秘密的思想防线。

三、各级测绘地理信息主管部门的测绘成果保密管理职责

(一)确定测绘成果的秘密范围和秘密等级

国家保密工作部门、国务院测绘行政主管部门应当商军队测绘主管部门,依照有关保密法律、行政法规的规定,确定测绘成果的秘密范围和秘密等级。

(二)及时调整、公布测绘成果的秘密范围和秘密等级

测绘成果的秘密范围和秘密等级,应当依照保密法律、行政法规的规定,按照保障国家秘密安全、促进地理信息共享和利用的原则确定并及时调整、公布。

（三）进行保密技术处理

利用涉及国家秘密的测绘成果开发生产的产品，未经国务院测绘行政主管部门或者省、自治区、直辖市人民政府测绘行政主管部门进行保密技术处理的，其秘密等级不得低于所用测绘成果的秘密等级。

（四）提供保密技术处理方式

县级以上人民政府测绘地理信息主管部门应当积极推进公众版测绘成果的加工和编制工作，通过提供公众版测绘成果、保密技术处理等方式，促进测绘成果的社会化应用。

（五）审批属于国家秘密的基础测绘成果

法人或者其他组织需要利用属于国家秘密的基础测绘成果的，应当提出明确的利用目的和范围，报测绘成果所在地的测绘行政主管部门审批。

（六）告知申请人测绘成果的秘密等级、保密要求以及相关著作权保护要求

法人或者其他组织需要利用属于国家秘密的基础测绘成果的，应当提出明确的利用目的和范围，报测绘成果所在地的测绘行政主管部门审批。测绘行政主管部门审查同意的，应当以书面形式告知测绘成果的秘密等级、保密要求以及相关著作权保护要求。

（七）对外提供属于国家秘密的测绘成果审批

对外提供属于国家秘密的测绘成果，应当按照国务院和中央军事委员会规定的审批程序，报国务院测绘行政主管部门或者省、自治区、直辖市人民政府测绘行政主管部门审批；测绘行政主管部门在审批前，应当征求军队有关部门的意见。

（八）依法查处涉密地理信息违法行为

地理信息生产、保管、利用单位未对属于国家秘密的地理信息的获取、持有、提供、利用情况进行登记、长期保存的，给予警告，责令改正，可以并处二十万元以下的罚款；泄露国家秘密的，责令停业整顿，并处降低测绘资质等级或者吊销测绘资质证书；构成犯罪的，依法追究刑事责任。

对于获取、持有、提供、利用属于国家秘密的地理信息的，给予警告，责令停止违法行为，没收违法所得，可以并处违法所得两倍以下的罚款；对直接负责的主管人员和其他直接责任人员，依法给予处分；造成损失的，依法承担赔偿责任；构成犯罪的，依法追究刑事责任。

（九）对提供、使用保密成果的单位进行监督检查

行政机关应当建立健全监督制度，通过核查反映被许可人从事行政许可事项活动情况的有关材料，履行监督责任。行政机关依法对被许可人从事行政许可事项的活动进行监督检查时，应当将监督检查的情况和处理结果予以记录，由监督检查人员签字后归档。公众有权查阅行政机关监督检查记录。

四、测绘成果涉密人员的管理规定

在涉密岗位工作的人员，按照涉密程度分为核心涉密人员、重要涉密人员和一般涉密人员，实行分类管理。有关机关、单位任用、聘用测绘成果涉密人员应当按照有关规定进行审查。涉密人员应当具有良好的政治素质和品行，具有胜任涉密岗位所要求的工作能力。涉密人员的合法权益受法律保护。

涉密人员上岗应当经过保密教育培训，掌握保密知识技能，签订保密承诺书，严格遵守保密规章制度，不得以任何方式泄露国家秘密。涉密人员出境应当经有关部门批准，有关机关认为涉密人员出境将对国家安全造成危害或者对国家利益造成重大损失的,不得批准出境。

涉密人员离岗离职实行脱密期管理。核心涉密人员脱密期为2~3年,重要涉密人员脱密期为1~2年,一般涉密人员脱密期为6个月至1年。涉密人员在脱密期内,应当按照规定履行保密义务,不得违反规定就业,不得以任何方式泄露国家秘密。

任务三 测绘成果汇交与保管

测绘成果是国家经济建设、国防建设、社会发展和生态保护的重要基础。为充分发挥测绘成果的作用,提高测绘成果的使用效益,降低政府行政管理成本,实现测绘成果的共建共享,维护测绘成果的完整和安全,国家对测绘成果实行汇交与保管制度。

一、测绘成果汇交概述

(一)测绘成果汇交的概念

测绘成果汇交是指将测绘成果向法定的公共服务和公共管理机构提交副本或目录,由公共服务和公共管理机构编制测绘成果目录,并向社会发布成果信息,利用汇交的测绘成果副本更新公共产品和依法向社会提供利用的过程。

(二)测绘成果汇交的原则

1. 依法汇交

测绘成果汇交作为一项法定义务,必须依法汇交。要按照测绘成果投资主体的不同,依法汇交测绘成果目录或副本。

2. 无偿汇交

测绘成果汇交的目的是促进测绘成果资料的共建共享,提高测绘成果的使用效率,节约公共财政的资金投入。因此,《中华人民共和国测绘法》明确测绘成果目录或者副本实行无偿汇交。

3. 定期汇交

《中华人民共和国测绘成果管理条例》第九条规定,测绘项目出资人或者承担国家投资的测绘项目的单位应当自测绘项目验收完成之日起3个月内,向测绘行政主管部门汇交测绘成果副本或者目录。

4. 不得向第三方提供

为了保证测绘成果的完整和安全,维护测绘成果所有权人的权益,未经测绘成果所有权人许可,任何单位或者个人不得向第三方提供,测绘项目出资人或者测绘单位汇交的测绘成果依法受法律保护,并依法享有测绘成果的所有权。

二、测绘成果汇交的内容

(一)测绘成果汇交的主体

1. 测绘项目出资人

根据《中华人民共和国测绘法》《中华人民共和国测绘成果管理条例》的规定,对没有使用国家投资的测绘项目,或者是由公民、法人、其他组织自行出资的测绘项目,由测绘项目出资人按照规定向测绘项目所在地的省、自治区、直辖市人民政府测绘地理信息主管部门汇交测绘成果目录，测绘成果汇交的主体为测绘项目出资人。

2. 承担测绘项目的测绘单位

基础测绘项目或者国家投资的其他测绘项目，测绘成果汇交的主体为承担测绘项目的单位，由测绘单位汇交测绘成果副本或者目录。其中，基础测绘项目汇交副本。中央财政投资完成的测绘项目，由承担测绘项目的单位向国务院测绘地理信息主管部门汇交测绘成果资料；地方财政投资完成的测绘项目，由承担测绘项目的单位向测绘项目所在地的省、自治区、直辖市人民政府测绘地理信息主管部门汇交测绘成果资料。

3. 中方部门或者单位

《中华人民共和国测绘成果管理条例》对外国的组织或者个人，与中华人民共和国有关部门或者单位合作，经批准在中华人民共和国领域内从事测绘活动的，明确规定测绘成果归中方部门或者单位所有，并由中方部门或者单位向国务院测绘地理信息主管部门汇交测绘成果副本。

（二）测绘成果汇交目录的内容

汇交目录的测绘成果为一式一份，具体内容如下：

（1）按国家基准和技术标准施测的一、二、三、四等天文、三角、导线、长度、水准测量成果的目录。

（2）重力测量成果的目录。

（3）具有稳固地面标志的全球定位测量、多普勒定位测量、卫星激光测距等空间大地测量成果的目录。

（4）用于测制各种比例尺地形图和专业测绘的航空摄影底片的目录。

（5）我国自己拍摄的和收集国外的可用于测绘或修测地形图及其他专业测绘的卫星摄影底片和磁带的目录。

（6）面积在 10 km^2 以上的 1∶500～1∶2 000 比例尺地形图和整幅的 1∶5 000～1∶100 万比例尺地形图（包括影像地图）的目录。

（7）其他普通地图、地籍图、海图和专题地图的目录。

（8）国务院有关部门主管的跨省区、跨流域，面积在 50 km^2 以上，以及其他重大国家项目的工程测量的数据和图件目录。

（9）县级以上地方人民政府主管的面积在省管限额以上（由各省、自治区、直辖市人民政府颁发的测绘行政管理法规确定）的工程测量的数据和图件目录。

（三）测绘成果汇交副本的内容

依法汇交副本的测绘成果，除地图一式两份外，其他均为一式一份，具体内容如下：

（1）按国家基准和技术标准施测的一、二、三、四等天文、三角、导线、长度、水准测量成果的成果表、展点图（路线图）、技术总结和验收报告的副本。

（2）重力测量成果的成果表（含重力值归算、点位坐标和高程、重力异常值）、展点图、异常图、技术总结和验收报告的副本。

（3）具有稳固地面标志的全球定位测量、多普勒定位测量、卫星激光测距等空间大地测量的测量成果、布网图、技术总结和验收报告的副本。

（4）正式印制的地图，包括各种正式印刷的普通地图、政区地图、教学地图、交通旅游地图,以及全国性和省级的其他专题地图。

(四)各级测绘地理信息主管部门的职责

(1)负责接收测绘成果副本和目录的测绘地理信息主管部门应当及时出具测绘成果汇交凭证。

(2)在规定的时限内将测绘成果副本和目录移交给测绘成果保管单位。

(3)国务院测绘地理信息主管部门和省级测绘地理信息主管部门应当及时编制测绘成果目录,并向社会公布。

(4)依法查处不按照规定汇交测绘成果资料的违法行为。

(五)违反测绘成果汇交制度的法律责任

不汇交测绘成果资料的,责令限期汇交;测绘项目出资人逾期不汇交的,处重测所需费用一倍以上二倍以下的罚款;承担国家投资的测绘项目的单位逾期不汇交的,处五万元以上二十万元以下的罚款,并处暂扣测绘资质证书,自暂扣测绘资质证书之日起六个月内仍不汇交的,吊销测绘资质证书;对直接负责的主管人员和其他直接责任人员,依法给予处分。

三、测绘成果的保管

测绘成果保管是指测绘成果保管或使用单位依照国家有关测绘、档案法律、行政法规的规定,采取科学的防护措施和手段,对测绘成果进行归档、保存和管理的活动。

(一)测绘成果保管的基本要求

测绘成果是对不同时期的自然地理要素和地表人工设施的真实反映,不仅数量大,测绘成果的获取需要花费大量人力、物力和财力,测绘成果一经丢失、毁坏,必须到实地进行重新测绘,并且测绘成果散失后容易造成泄密,从而危害国家安全和利益。因此,测绘成果保管单位必须要建立健全测绘成果资料保管制度,采取安全保障措施,以保障测绘成果的完整和安全。测绘成果资料的存放设施与条件,要符合国家保密、消防及档案管理的有关规定和要求。

由于测绘成果的重要性和具有著作权特点,测绘成果保管单位应当按照规定保管测绘成果资料,不得损毁、散失,未经测绘成果所有权人许可,不得擅自转让测绘成果。由于大部分测绘成果都属于国家秘密,国家秘密测绘成果损毁、散失,会给国家安全和利益造成危害。因此,《中华人民共和国测绘成果管理条例》规定测绘成果保管单位应当采取措施保证测绘成果的完整和安全,不得损毁、散失和转让。

为保障国家基础测绘成果资料的安全,避免出现基础测绘成果资料由于意外情况造成毁坏、散失,测绘成果保管单位应当按照国家有关规定,对基础测绘成果资料实行异地备份存放制度。基础测绘成果异地备份存放的设施和条件,不能低于测绘成果保管单位的设施和条件。根据国家规范规定,基础测绘成果异地存放的异地距离,一般不得少于500 km。

(二)测绘成果保管的法律规定

(1)测绘成果保管单位应当采取措施保障测绘成果的完整和安全,并按照国家有关规定向社会公开和提供利用。测绘成果属于国家秘密的,适用国家保密法律、行政法规的规定;需要对外提供的,按照国务院和中央军事委员会规定的审批程序执行。

(2)机关、单位对承载国家秘密的纸介质、光介质、电磁介质等载体(简称国家秘密载体)以及属于国家秘密的设备、产品,应当做出国家秘密标志。不属于国家秘密的,不应当做出国家秘密标志。

(3)测绘成果保管单位有下列行为之一的,由测绘地理信息行政主管部门给予警告,责令改正;有违法所得的,没收违法所得;造成损失的,依法承担赔偿责任;对直接负责的主管人员和其他直接责任人员,依法给予处分:①未按照测绘成果资料的保管制度管理测绘成果资料,造成测绘成果资料损毁、散失的;②擅自转让汇交的测绘成果资料的;③未依法向测绘成果的使用人提供测绘成果资料的。

任务四　测绘成果提供利用

测绘成果提供利用是指测绘成果生产单位或者测绘成果保管单位根据合同约定或者测绘成果使用者的申请,依照国家有关规定提供利用测绘成果的活动。大多数测绘成果都涉及国家秘密,测绘成果提供利用必须严格遵守国家测绘、保密等有关法律、行政法规的规定。

一、《中华人民共和国测绘法》对测绘成果提供利用的规定

(1)基础测绘成果和国家投资完成的其他测绘成果,用于政府决策、国防建设和公共服务的,应当无偿提供。除前款规定情形外,测绘成果依法实行有偿使用制度。但是,各级人民政府及有关部门和军队因防灾减灾、应对突发事件、维护国家安全等公共利益的需要,可以无偿使用。

(2)县级以上人民政府测绘地理信息主管部门应当积极推进公众版测绘成果的加工和编制工作,通过提供公众版测绘成果、保密技术处理等方式,促进测绘成果的社会化应用。测绘成果保管单位应当采取措施保障测绘成果的完整和安全,并按照国家有关规定向社会公开和提供利用。测绘成果属于国家秘密的,适用保密法律、行政法规的规定;需要对外提供的,按照国务院和中央军事委员会规定的审批程序执行。测绘成果的秘密范围和秘密等级,应当依照保密法律、行政法规的规定,按照保障国家秘密安全、促进地理信息共享和应用的原则确定并及时调整、公布。

(3)县级以上人民政府应当建立健全政府部门间地理信息资源共建共享机制,引导和支持企业提供地理信息社会化服务,促进地理信息广泛应用。

二、《中华人民共和国测绘成果管理条例》对测绘成果提供利用的规定

(1)使用财政资金的测绘项目和使用财政资金的建设工程测绘项目,有关部门在批准立项前应当书面征求本级人民政府测绘行政主管部门的意见。测绘行政主管部门应当自收到征求意见材料之日起 10 日内,向征求意见的部门反馈意见。有适宜测绘成果的,应当充分利用已有的测绘成果,避免重复测绘。

(2)国家保密工作部门、国务院测绘行政主管部门应当商军队测绘主管部门,依照有关保密法律、行政法规的规定,确定测绘成果的秘密范围和秘密等级。

(3)利用涉及国家秘密的测绘成果开发生产的产品,未经国务院测绘行政主管部门或者省、自治区、直辖市人民政府测绘行政主管部门进行保密技术处理的,其秘密等级不得低于所用测绘成果的秘密等级。

(4)对外提供属于国家秘密的测绘成果,应当按照国务院和中央军事委员会规定的审批程序,报国务院测绘行政主管部门或者省、自治区、直辖市人民政府测绘行政主管部门审

批；测绘行政主管部门在审批前，应当征求军队有关部门的意见。

(5)基础测绘成果和财政投资完成的其他测绘成果，用于国家机关决策和社会公益性事业的，应当无偿提供。除前款规定外，测绘成果依法实行有偿使用制度。各级人民政府及其有关部门和军队因防灾、减灾、国防建设等公共利益的需要，可以无偿使用测绘成果。依法有偿使用测绘成果的，使用人与测绘项目出资人应当签订书面协议，明确双方的权利和义务。

三、基础测绘成果提供利用规定

国家测绘局主管全国基础测绘成果提供使用管理工作。县级以上地方人民政府测绘行政主管部门负责本行政区域内基础测绘成果的提供及使用、管理工作。提供、使用不涉及国家秘密的基础测绘成果，由测绘成果资料保管单位按照便民、高效的原则，制定相应的提供、使用办法，报同级测绘行政主管部门批准后实施。国家测绘局支持和鼓励各级测绘行政主管部门与掌握地理信息要素的部门建立共建共享机制。

(一)基础测绘成果利用审批

1. 国家测绘地理信息局审批职责

(1)全国统一的一、二等平面控制网、高程控制网和国家重力控制网的数据、图件。

(2)1:50万、1:25万、1:10万、1:5万、1:2.5万国家基本比例尺地图、影像图和数字化产品。

(3)国家基础航空摄影所获取的数据、影像等资料，以及获取基础地理信息的遥感资料。

(4)国家基础地理信息数据。

(5)其他应当由国家测绘局审批的基础测绘成果。

2. 省、自治区、直辖市测绘行政主管部门审批职责

(1)本行政区域内统一的三、四等平面控制网、高程控制网的数据、图件。

(2)本行政区域内的1:1万、1:5 000等国家基本比例尺地图、影像图和数字化产品。

(3)本行政区域内的基础航空摄影所获取的数据、影像等资料，以及获取基础地理信息的遥感资料。

(4)本行政区域内的基础地理信息数据。

(5)属国家测绘局审批范围，但是已经委托省、自治区、直辖市测绘行政主管部门负责管理的基础测绘成果。

(6)其他应当由省、自治区、直辖市测绘行政主管部门审批的基础测绘成果。

市(地)、县级测绘行政主管部门受理审批基础测绘成果的具体范围和审批办法，由省、自治区、直辖市测绘行政主管部门规定。

(二)申请使用基础测绘成果条件

(1)有明确、合法的使用目的。

(2)申请的基础测绘成果范围、种类、精度与使用目的相一致。

(3)符合国家的保密法律法规及政策。

(三)申请使用基础测绘成果应提交的材料

(1)《基础测绘成果使用申请表》。

(2)加盖有关单位公章的证明函:①申请使用的基础测绘成果属于国家测绘局或者其他省、自治区、直辖市测绘行政主管部门受理审批范围的,应当提供申请人所在地的省、自治区、直辖市测绘行政主管部门出具的证明函。②申请使用的基础测绘成果属于本省、自治区、直辖市测绘行政主管部门受理审批范围的,应当提供申请人所在地的县级以上测绘行政主管部门出具的证明函。③属于中央国家机关或者单位的申请人,应当提供其所属中央国家机关或者单位司(局)级以上机构出具的证明函。其中,申请无偿使用基础测绘成果的,应当由中央国家机关、单位或者办公厅另行出具公函。④属于军队和武警部队的申请人,应当提供其所属师级以上机构出具的公函。

(3)属于各级财政投资的项目,须提交项目批准文件。

申请材料不齐全或者不符合法定形式的,测绘行政主管部门应当当场或者在五日内一次性告知申请人需要补正的全部内容。对不予受理的,必须向申请人书面说明理由,并退回申请材料。

(四)基础测绘成果提供使用要求

(1)测绘行政主管部门应当自受理使用申请之日起二十个工作日内做出决定。测绘行政主管部门受理使用申请后,能够当场做出决定的,应当当场做出决定。测绘行政主管部门做出准予使用基础测绘成果决定的,应当自决定之日起十个工作日内向申请人送达批准文件,并同时抄送申请人所在地的县级以上测绘行政主管部门。测绘行政主管部门依法做出不准予使用基础测绘成果决定的,应当书面说明理由,并告知申请人享有依法申请行政复议或者提起行政诉讼的权利。

(2)经测绘行政主管部门批准准予使用基础测绘成果的,被许可使用人持批准文件到指定的测绘成果资料保管单位领取。测绘成果资料保管单位应当按照批准文件的内容,及时向被许可使用人提供基础测绘成果。其中,提供基础地理信息数据的,需与被许可使用人签订基础地理信息数据提供使用许可协议。

(3)被许可使用人应当严格按照下列规定使用基础测绘成果:

①被许可使用人必须根据基础测绘成果的密级按国家有关保密法律法规的要求使用,并采取有效的保密措施,严防泄密。

②被许可使用人所领取的基础测绘成果仅限于在本单位的范围内,按其申请并经批准的使用目的使用。本单位以被许可使用人在企业登记主管机关、机构编制主管机关或者社会团体登记管理机关的登记为限,不得扩展到所属系统和上级、下级或者同级其他单位。

③被许可使用人若委托第三方开发,项目完成后,负有督促其销毁相应测绘成果的义务。第三方为外国组织和个人以及在我国注册的外商独资企业和中外合资、合作企业的,被许可使用人应当履行对外提供我国测绘成果的审批程序,依法经国家测绘局或者省、自治区、直辖市测绘行政主管部门批准后,方可委托。

④被许可使用人应当在使用基础测绘成果所形成的成果的显著位置注明基础测绘成果版权的所有者。

⑤被许可使用人主体资格发生变化时,应向原受理审批的测绘行政主管部门重新提出使用申请。

四、对外提供属于国家秘密的测绘成果规定

对外提供属于国家秘密的测绘成果是指向境外、国外以及其与国内有关单位合作的法人或者其他组织提供的、属于国家秘密的测绘成果。对外提供属于国家秘密的测绘成果，要严格按照国务院和中央军事委员会规定的审批程序，报国务院测绘地理信息主管部门或者省、自治区、直辖市人民政府测绘地理信息主管部门审批。

（一）申请资料

对外提供属于国家秘密的测绘成果，成果资料的范围跨省、自治区、直辖市区域的，向国家测绘地理信息局提出申请；其他情形向成果内容表现地的省级测绘地理信息主管部门提出申请，并应当提交下列材料：

（1）对外提供我国涉密测绘成果申请表。

（2）企业法人营业执照或者事业单位法人证书（申请人为政府部门的除外）。

（3）外方身份证明材料。

（4）国家批准合作项目批文。

（5）申请人与外方签订的合同或协议。

（6）拟提供成果的说明性材料，包括成果种类、范围、数量及精度等。

（7）拟提供成果为申请人既有的，应当提交该成果一套及成果所有部门或单位同意申请人使用的证明文件。

（8）拟提供成果非申请人既有、需国家测绘地理信息局提供的，申请人应当提交本单位具有的保密管理制度、成果保管条件、管理机构和人员的证明材料。

（9）其他应当提供的材料。

（二）不予批准的情况

（1）对外提供的测绘成果资料妨碍国家安全的。

（2）非涉密的测绘成果资料能够满足需要的。

（3）申请材料内容虚假的。

（4）审批机关依法不予批准的其他情形。

五、遥感影像公开使用

遥感影像是十分重要的测绘成果，包括卫星遥感影像和航空遥感影像，以及采用测绘遥感技术方法加工处理形成的遥感影像图。遥感影像在国土资源监测、地理国情普查、应急处突和国家基本比例尺地形图更新等工作中，发挥着日益重要的作用。

（一）遥感影像公开使用管理

国家测绘地理信息局负责监督管理全国遥感影像公开使用工作，县级以上测绘地理信息主管部门负责监督管理辖区内遥感影像公开使用工作。为应对重大突发事件应急抢险救灾急需，各级人民政府及其有关部门和军队可以无偿使用遥感影像，各遥感影像保管单位、销售与提供机构应当无偿提供相关数据和资料。

从事提供或销售分辨率高于 10 m 的卫星遥感影像活动的机构，应当建立客户登记制度，包括客户名称与性质、提供的影像覆盖范围和分辨率、用途、联系方式等内容。每半年一次向所在地省级以上测绘地理信息主管部门报送备案。

(二)遥感影像公开使用规定

(1)从事遥感影像采集、加工处理、地名地物属性标注等活动,应当按规定取得相应的测绘资质。

(2)在公开使用的遥感影像上标注地名、地址或者其他属性信息,应当符合相关规范要求,不得标注、显示禁止公开的信息。

(3)公开使用的遥感影像空间位置精度不得高于 50 m;影像地面分辨率(简称分辨率)不得优于 0.5 m;不标注涉密信息,不处理建筑物、构筑物等固定设施。

(4)属于国家秘密且确需公开使用的遥感影像,公开使用前应当依法送省级以上测绘地理信息主管部门会同有关部门组织审查并进行保密技术处理。分辨率优于 0.5 m 的遥感影像,公开使用前应当报送国家测绘地理信息局组织审查并进行保密技术处理。

(5)向社会公开出版、传播、登载和展示遥感影像的,还应当报送省级以上测绘地理信息主管部门进行地图审核,并取得审图号。

任务五　重要地理信息数据审核与公布

为加强重要地理信息数据审核、公布工作的管理,确保对外公布的重要地理信息数据的权威性和准确性,《中华人民共和国测绘法》提出应对中华人民共和国领域和中华人民共和国管辖的其他海域的位置、高程、深度、面积、长度等重要地理信息数据建立审核与公布制度。

一、重要地理信息数据的概念和特征

(一)重要地理信息数据的概念

重要地理信息数据是指在中华人民共和国领域和管辖的其他海域内的重要自然和人文地理实体的位置、高程、深度、面积、长度等位置信息数据和重要属性信息数据。重要地理信息数据主要包括以下内容:

(1)涉及国家主权、政治主张的地理信息数据。

(2)国界、国家面积、国家海岸线长度,国家版图重要特征点、地势、地貌分区位置等地理信息数据。

(3)冠以"全国""中国""中华"等字样的地理信息数据。

(4)经相邻省级人民政府联合勘定并经国务院批复的省级界线长度及行政区域面积,沿海省、自治区、直辖市海岸线长度。

(5)需要由国务院测绘地理信息主管部门审核的其他重要地理信息数据。

(二)重要地理信息数据的特征

1. 权威性

重要地理信息数据的获取是依据科学的观测方法和手段,由国务院测绘地理信息主管部门审核,并要与国务院其他有关部门、军队测绘部门会商后,报国务院批准,由国务院或者国务院授权的部门以公告形式公布,并在全国范围内发行的报纸或者互联网上刊登,体现了重要地理信息数据的权威性。

2. 准确性

重要地理信息数据涉及重要自然和人文地理实体的位置、高程、深度、面积、长度等位置

信息数据和重要属性信息数据,这些数据是依据科学的技术方法和手段获取的,单位和个人(简称建议人)提出建议后,国务院测绘地理信息主管部门要对数据的科学性、完整性、可靠性等进行严格审核,因而,重要地理信息数据具有严格的准确性。

3. 法定性

重要地理信息数据审核公布制度由国家法律规定,重要地理信息数据的审核、批准、公布的主体和程序都必须严格按照《中华人民共和国测绘法》和《中华人民共和国行政许可法》以及《重要地理信息数据审核公布管理规定》执行,任何单位和个人不得擅自审核公布。

二、重要地理信息数据审核

重要地理信息数据审核时,国务院测绘地理信息主管部门须与国务院有关部门进行会商。如有关国界线的重要地理信息数据须与外交部会商,有关行政区域界线的长度等重要地理信息数据应当与国务院民政部门进行会商。申请审核公布重要地理信息数据,必须依法向国务院测绘地理信息主管部门提出申请。

(一)建议人应提交的资料

国务院测绘地理信息行政主管部门负责受理建议人提出的审核公布重要地理信息数据的建议。建议人也可以直接向省、自治区、直辖市测绘地理信息主管部门提出建议。省、自治区、直辖市测绘行政主管部门应当在10个工作日内将建议转报国务院测绘地理信息行政主管部门。

建议人建议审核公布重要地理信息数据,应当向国务院测绘地理信息行政主管部门提交以下书面资料(建议人为各级地方人民政府、国务院各部门的,可不提供下款(1)规定的资料):

(1)建议人的基本情况。

(2)重要地理信息数据的详细数据成果资料、科学性及公布的必要性说明。

(3)重要地理信息数据获取的技术方案及对数据验收评估的有关资料。

(4)国务院测绘地理信息主管部门规定的其他资料。

(二)重要地理信息数据审核内容

国务院测绘地理信息行政主管部门应当组织对建议人提交的重要地理信息数据进行审核。国务院测绘地理信息主管部门会同国务院有关部门、军队测绘部门,对需要审核的重要地理信息数据公布的必要性、公布部门等内容进行会商后,向国务院上报公布建议。审核主要包括以下内容:

(1)重要地理信息数据公布的必要性。

(2)提交的有关资料的真实性和完整性。

(3)重要地理信息数据的可靠性和科学性。

(4)重要地理信息数据是否符合国家利益,是否影响国家安全。

(5)与相关历史数据、已公布数据的对比。

三、重要地理信息数据公布

经国务院测绘地理信息主管部门商国务院其他有关部门对重要地理信息数据进行审核并报国务院后,由国务院批准,并由国务院或者国务院授权的部门公布。

重要地理信息数据经国务院批准并明确授权公布的部门后,要以公告形式公布,并在全国范围内发行的报纸或者互联网上刊登。

重要地理信息数据公布时,应当注明审核、公布的部门。依法公布重要地理信息数据的国务院有关部门,应当在公布时,将公布公告抄送国务院测绘地理信息主管部门。国务院测绘地理信息主管部门收到公布公告后,应当在10日内书面通知建议人。建议人建议审核公布的重要地理信息数据,在受理后未被批准公布的,国务院测绘地理信息主管部门应当及时书面通知建议人,并说明理由。

四、重要地理信息数据的使用

中华人民共和国领域和管辖的其他海域的位置、高程、深度、面积、长度等重要地理信息数据,关系到国家政治、经济和国际地位以及社会稳定,涉及国家主权和领土完整以及民族尊严。因此,在行政管理、新闻传播、对外交流等对社会公众有影响的活动、公开出版的教材以及需要使用重要地理信息数据的,应当使用依法公布的数据。

五、重要地理信息数据公布的法律责任

国务院有关部门、有关单位或者个人擅自发布已经国务院批准并授权国务院有关部门公布的重要地理信息数据的,擅自发布未经国务院批准的重要地理信息数据的,要依法承担相应的法律责任。

擅自发布中华人民共和国领域和中华人民共和国管辖的其他海域的重要地理信息数据的,给予警告,责令改正,可以并处50万元以下的罚款;对直接负责的主管人员和其他直接责任人员,依法给予处分;构成犯罪的,依法追究刑事责任。

国务院有关部门具有下列行为之一的,由国务院测绘行政主管部门依法给予警告,责令改正,可以并处10万元以下罚款;构成犯罪的,依法追究刑事责任;尚不够刑事处罚的,对负有直接责任的主管人员和其他直接责任人员,依法给予行政处分:①擅自发布已经国务院批准并授权国务院有关部门公布的重要地理信息数据的;②擅自发布未经国务院批准的重要地理信息数据的。

有关单位和个人具有下列行为之一的,由省级测绘行政主管部门依法给予警告,责令改正,可以并处10万元以下罚款;构成犯罪的,依法追究刑事责任;尚不够刑事处罚的,对负有直接责任的主管人员和其他直接责任人员,依法给予行政处分:①擅自发布已经国务院批准并授权国务院有关部门公布的重要地理信息数据的;②擅自发布未经国务院批准的重要地理信息数据的。

案例分析与练习题

【案例分析】

有关部门在工作中发现,某地质测绘院院长王某为增加单位经济收入,擅自决定与一家外国公司签署合作协议,并准许该公司多次查询、借阅大量地质资料,其中涉及机密级地形图30份。案件发生后,有关部门给予王某相应的党纪、政纪处分。

通过对该案例的分析:你认为,该企业涉密测绘成果的保密管理主要存在哪些问题?

【练习题】

1. 试阐述做一个守法公民和测绘技术人民，怎样以一个专业人士身份捍卫祖领土完整？
2. 我国绝密、机密、秘密等级的测绘成果包括哪些？
3. 测绘成果汇交中，汇交副本的成果有哪些？
4. 在基础测绘成果利用审批时，属于国家测绘地理信息局审批范围的测量成果有哪些？
5. 重要地理信息数据主要包括哪些内容？

项目八　测绘行业管理

项目八课件

项目概述

本项目主要介绍了测绘资质管理、测绘执业资格管理、测绘作业人员管理的相关规定。其中,测绘行业管理主要对测绘资质管理的概念、标准、原则,资质申请受理与审批,资质的注册、监督检查、相关法律责任进行了介绍;测绘执业资格主要包括基本概念、注册测绘师和测绘作业证的相关管理;测绘作业人员管理介绍了外国人来华测绘的相关规定、法律依据及违法的相关法律责任。

学习目标

知识目标:

①掌握测绘资质管理的相关规定。

②掌握测绘执业资格管理的相关规定。

③掌握外国组织来华测绘及测绘作业证件的相关规定。

能力目标:能根据测绘法中有关测绘作业证件的规定以及《测绘作业证管理规定》,确认测绘作业证的合法性和测绘作业证持有人员义务的履行情况。

素质目标:以高度敬业、专业精神审视测绘行为,做一个合格的测绘管理工作者。

任务一　测绘资质管理

《中华人民共和国测绘法》第二十七条规定:"国家对从事测绘活动的单位实行测绘资质管理制度"。

为了实施《中华人民共和国测绘法》规定的测绘资质管理制度,国家测绘局制定了《测绘资质管理规定》和《测绘资质分级标准》,并在全国测绘资质管理工作中执行。

一、测绘资质管理概述

(一)测绘资质的概念

从事测绘活动的单位应当具备如下测绘资质条件,并依法取得相应等级的测绘资质证书后,方可从事测绘活动:

(1)有与其从事的测绘活动相适应的专业技术人员。

(2)有与其从事的测绘活动相适应的技术装备和设施。

(3)有健全的技术、质量保证体系和测绘成果及资料档案管理制度。

(4)具备国务院测绘行政主管部门规定的其他条件。

《测绘资质管理规定》的细化条件如下:

(1)具有企业或者事业单位法人资格。

(2)有与申请从事测绘活动相适应的保密管理制度及设施。

(3)有满足测绘活动需要的办公场所。

(二)测绘资质管理的概念

测绘资质管理是指测绘行政主管部门对测绘资质指定具体规定,对从事测绘活动的单位进行测绘资质审查、发放测绘资质证书、依法对测绘活动进行监督、查出无证测绘等行政行为。

(1)测绘资质管理是一项法定制度。

(2)测绘资质实行统一监督管理。

(3)测绘资质管理制度是一项行政许可制度。

(三)资质等级、业务范围

资质分级:测绘资质分为甲、乙、丙、丁四级。

业务范围:测绘资质的专业范围划分为大地测量、测绘航空摄影、摄影测量与遥感、工程测量、地籍测绘、房产测绘、行政区域界线测绘、地理信息系统工程、海洋测绘、地图编制、导航电子地图制作、互联网地图服务。

测绘资质各个专业范围的等级划分及其考核条件由《测绘资质分级标准》规定。

主管部门:国家测绘局负责全国测绘资质的统一监督管理工作。审批甲级测绘资质并颁发甲级测绘资质证书。

县级以上地方人民政府测绘行政主管部门负责本行政区域内测绘资质的监督管理工作。省、自治区、直辖市人民政府测绘行政主管部门负责受理甲级测绘资质申请并提出初审意见;负责受理乙、丙、丁级测绘资质申请,做出审批决定,颁发乙、丙、丁级测绘资质证书。

(四)测绘资质的条件

1.人员条件

全部人员的数量要求(一般):甲级50人;乙级25人;丙级8人;丁级4人。具体专业技术人员数量要求如下:

测绘航空摄影专业标准:甲级30人(含注册测绘师2人),其中高级4人、中级10人;乙级15人(含注册测绘师1人),其中高级2人、中级5人。

导航电子地图制作专业标准:甲级100人(含注册测绘师5人),其中高级10人、中级20人。

互联网地图服务专业标准:甲级20人,其中中级5人;乙级12人,其中中级2人。

地图编制专业标准:甲级60人(含注册测绘师2人),其中高级8人、中级17人;乙级25人(含注册测绘师1人),其中高级2人、中级8人。

海洋测绘专业标准:甲级60人(含注册测绘师5人),其中高级8人、中级17人;乙级25人(含注册测绘师2人),其中高级2人、中级8人;丙级8人,其中中级3人;丁级4人,其中中级1人。

地理信息系统工程专业标准:甲级60人(含注册测绘师2人),其中高级8人、中级17人;乙级25人(含注册测绘师1人),其中高级2人、中级8人;丙级8人,其中中级3人。

摄影测量与遥感专业标准：甲级 60 人（含注册测绘师 2 人），其中高级 8 人、中级 17 人；乙级 25 人（含注册测绘师 1 人），其中高级 2 人、中级 8 人；丙级 8 人，其中中级 3 人。

大地测量专业标准：甲级 60 人（含注册测绘师 5 人），其中高级 8 人、中级 17 人；乙级 25 人（含注册测绘师 2 人），其中高级 2 人、中级 8 人。

工程测量专业标准：甲级 60 人（含注册测绘师 5 人），其中高级 8 人、中级 17 人；乙级 25 人（含注册测绘师 2 人），其中高级 2 人、中级 8 人；丙级 8 人，其中中级 3 人；丁级 4 人，其中中级 1 人。

不动产测绘专业标准：甲级 60 人（含注册测绘师 5 人），其中高级 8 人、中级 17 人；乙级 25 人（含注册测绘师 2 人），其中高级 2 人、中级 8 人；丙级 8 人，其中中级 3 人；丁级 4 人，其中中级 1 人。

测绘相关专业技术人员，是指地质、水利、勘察、物探、道桥、工民建、规划、海洋勘测、土地资源管理、计算机等工程技术人员，或者能够提供其在校期间所学专业开设测绘专业为必修课程证明的工程技术人员，但不得超过本标准对专业技术人员要求数量的 50%。申请地理信息系统工程、互联网地图服务资质的单位，测绘相关专业技术人员不得超过本标准对专业技术人员要求数量的 70%。

同一单位申请两个以上测绘专业的，对人员数量的要求不累加计算。

法定退休人员、兼职人员和没有签订劳动合同的人员不得计入专业技术人员。

2. 技术装备和设施条件

数量要求：按各专业标准核算仪器设备数量时，非本单位所有的仪器设备、租借的仪器设备、检定有效期已过的仪器设备或者不能正常使用的仪器设备等，均不能列入。

设备替代：随着科学技术的发展，性能指标更优越的仪器设备可以替代某一专业标准所规定的相应仪器设备。

软件测评：使用通用测绘专业软件的，应当通过国家测绘局组织的测评。

二、测绘资质管理的原则和内容

（一）测绘资质管理原则

测绘资质管理制度是一项行政许可制度，需要按照依法行政的原则，以《中华人民共和国测绘法》《中华人民共和国行政许可法》等法律法规为依据实施这项制度。具体需遵循以下原则：

（1）依法原则。

（2）统一管理原则。

（3）公开、透明原则。

（4）公正、公平原则。

（5）便民效率原则。

（6）救济原则。

（7）诚实信用和信赖保护原则。

（8）监督和责任原则。

（二）测绘资质管理的内容

（1）制定测绘资质管理规定，规定测绘资质证书的式样。

《中华人民共和国测绘法》规定,测绘资质证书的式样由国务院测绘行政主管部门统一规定。因此,规定测绘资质证书的式样也是测绘行政管理的要点之一。

(2)测绘资质审查和发放测绘资质证书。测绘资质管理是动态管理,其动态特征是:第一,持有下一等级测绘资质证书的单位申请上一等级测绘资质证书的情况经常发生;第二,新组建的测绘单位申请测绘资质证书;第三,已经取得测绘资质证书的测绘单位申请变更业务范围;第四,在我国的改革中,测绘单位重组或者改制随时出现;第五,测绘资质证书载明的单位名称和法人代表经常变更等。

(3)对测绘资质证书持证单位进行年度注册。所谓的年度注册,是指每一年度在国务院测绘行政主管部门统一部署下,国务院测绘行政主管部门和省、自治区、直辖市测绘行政主管部门按照规定的程序、在规定的时间内、按规定的条件和规定的内容对测绘单位进行核查,确认其是否继续符合测绘资质的基本条件。

(4)检查和处理未取得测绘资质证书擅自从事测绘活动和超越资质等级许可的范围从事测绘活动的违法行为(注意不同违法行为的处罚方式)。根据《中华人民共和国测绘法》的规定,未取得测绘资质证书,擅自从事测绘活动的,由测绘行政主管部门责令停止违法行为,没收违法所得和测绘成果,并处测绘约定报酬一倍以上二倍以下的罚款。以欺骗手段取得测绘资质证书从事测绘活动的,由发证的测绘行政主管部门吊销测绘资质证书,没收违法所得和测绘成果,并处测绘约定报酬一倍以上二倍以下的罚款。超越资质等级许可的范围从事测绘活动、以其他测绘单位的名义从事测绘活动、允许其他单位以本单位的名义从事测绘活动的,由测绘行政主管部门责令停止违法行为,没收违法所得和测绘成果,处测绘约定报酬一倍以上二倍以下的罚款,并可以责令停业整顿或者降低资质等级;情节严重的,由发证的测绘行政主管部门吊销测绘资质证书。

三、测绘资质申请、受理与审批

(一)申请

(1)申请测绘资质的单位应当符合下列条件:

①具有企业或者事业单位法人资格。

②具有符合要求的专业技术人员、仪器设备和办公场所。

③具有健全的技术、质量保证体系,测绘成果档案管理制度及保密管理制度和条件。

④具有与申请从事测绘活动相匹配的测绘业绩和能力(初次申请除外)。

(2)申请测绘资质的单位,应当提交下列材料的原件扫描件:

①符合国家测绘局规定样式的测绘资质申请表一式四份。

②企业法人营业执照或者事业单位法人证书、法定代表人的简历及任命或者聘任文件。

③符合要求的专业技术人员的身份证、毕业证书与测绘及相关专业技术岗位工作年限证明材料或者任职资格证书、劳动合同、社会保险缴纳证明等材料。

④符合要求的仪器设备所有权证明及省级以上测绘地理信息行政主管部门认可的测绘仪器检定单位出具的检定证书。

⑤单位办公场所证明。

⑥健全的测绘质量保证体系证明。

⑦测绘成果及资料档案管理制度材料。

⑧测绘成果保密管理制度材料。

（二）申请受理

申请受理：自收到申请材料之日起五日内做出受理决定。申请材料不齐全或者不符合法定形式的，应当当场或者五日内一次性告知申请人需补正的全部内容。

申请单位申请事项依法不需取得行政许可或者不属于该机关职权范围的，以及涉嫌违法测绘被立案调查的，案件结案前，不受理其测绘资质申请。

行政机关受理或者不予受理行政许可申请，应当出具加盖本行政机关专用印章和注明日期的书面凭证。

（三）资质审查与发证

申请材料核实：测绘资质审批机关需要对申请材料的实质内容进行核实的，由测绘资质审批机关或者其委托的下级测绘行政主管部门指派两名以上工作人员进行核查。

审查时限：自受理申请之日起 20 日内做出审批决定。经测绘资质审批机关领导批准，可以延长 10 日，并应当将延长期限的理由告知申请单位。

决定与公示：申请单位符合法定条件的，测绘资质审批机关应当做出拟批准的书面决定，向社会公示 7 日，并于做出正式批准决定之日起 10 日内向申请单位颁发测绘资质证书。做出不予批准的决定，应当向申请单位书面说明理由。

测绘资质证书：分正本和副本，由国家测绘地理信息局统一印制，正、副本具有同等法律效力。有效期最长不超过 5 年。

（四）资质延续与升级

资质证书延续：测绘单位应当在有效期满 60 日前，向测绘资质审批机关申请办理延续手续。

延期条件：①对在测绘资质证书有效期内遵守有关法规、技术标准；②信用档案无不良记录且继续符合测绘资质条件的单位。

延期时限：有效期延续 5 年。

升级限制：测绘单位自取得测绘资质证书之日起，原则上 3 年后方可申请升级。

不予升级或变更业务范围 6 种情况详见《测绘资质管理规定》。

（五）补换证书

交回旧证：测绘单位在领取新的测绘资质证书时，应当将原测绘资质证书交回测绘资质审批机关。

证书遗失：测绘单位遗失测绘资质证书，应当及时在公众媒体上刊登遗失声明，持补证申请等其他证明材料到测绘资质审批机关办理补证手续。测绘资质审批机关应当在 5 日内办理完毕。

测绘资质申请受理后，审批机关应在 20 日内做出审批决定，不能做出的，经机关领导批准，可以延长 10 日做出，并将理由告知申请单位。做出批准决定后，向社会公布 7 日，10 日内向申请单位颁发。

证书有效期 5 年，等级+测资字+省级编码+顺序号。到期 60 日前办理延期手续，延期 5 年。

四、测绘资质年度注册

(一)注册申请

测绘资质年度注册时间为每年的3月1~31日。测绘单位应当于每年的1月20日至2月28日按照向省级测绘行政主管部门或其委托设区的市(州)级测绘行政主管部门报送年度注册的相关材料。取得测绘资质未满六个月的单位,可以不参加年度注册。

(二)注册程序

注册程序具体详见《测绘资质管理规定》第二十条。

(1)填写测绘资质年度注册报告书,并在规定期限内报送相应测绘行政主管部门。

(2)测绘行政主管部门受理、核查有关材料。

(3)测绘行政主管部门对符合条件的予以注册;对缓期注册的应当向测绘单位说明原因。

(4)省级测绘行政主管部门向社会公布年度注册结果。

注册核查:见《测绘资质管理规定》第二十一条。

缓期注册:见《测绘资质管理规定》第二十二条。缓期注册的期限为60日。测绘行政主管部门应当书面告知测绘单位限期整改,整改后符合规定的,予以注册。

(三)年度注册核查的主要内容

(1)单位性质、名称、住所、法人代表及人员变更情况。

(2)单位从事人员总数、注册资金及出资人变化情况。

(3)上年测绘服务总值。

(4)仪器设备检定及变更情况。

(5)完成项目、成果质量、项目备案、成果汇交情况。

(6)生产和成果的保密管理情况。

(7)单位信用情况。

(8)违法行为被依法处罚情况。

(9)需核查的其他情况。

五、测绘资质监督检查

监督检查职责:可以要求测绘单位提供专业技术人员名册及工资表、劳动保险证明、测绘仪器的购买发票及检定证书、测绘项目合同、测绘成果验收(检验)报告等有关材料,并可以对测绘单位的技术质量保证制度、保密管理制度、测绘资料档案管理制度的执行情况进行检查。

廉政要求:实施监督检查时,不得索取或者收受测绘单位的财物,不得谋取其他利益。

配合义务:有关单位和个人对依法进行的监督检查应当协助与配合,不得拒绝或者阻挠。

信用体系:加强测绘市场信用体系建设,将测绘单位的信用信息纳入测绘资质监督管理范围。取得测绘资质的单位应当向测绘资质审批机关提供真实、准确、完整的单位信用信息。

违法通报:测绘单位违法从事测绘活动被依法查处的,查处违法行为的测绘行政主管部门应当将违法事实、处理结果告知上级测绘行政主管部门和测绘资质审批机关。

六、测绘资质注销、降低等级及核减业务范围

(1)资质有效期满未延续的。
(2)测绘单位依法终止的。
(3)测绘资质审查决定依法被撤销、撤回的。
(4)证书依法被吊销的。
(5)2 年内未承担相应项目的。
(6)甲、乙级单位 3 年内未承担合同额 100 万元和 50 万元以上项目的。
(7)年度注册材料弄虚作假的。
(8)不符合相应测绘资质标准条件的。
(9)缓期注册期间整改不符合规定的。
(10)连续两次被缓期注册的。
(11)因泄密被查处的。

七、测绘资质管理法律责任

《中华人民共和国测绘法》第五十五条规定:未取得测绘资质证书,擅自从事测绘活动的,责令停止违法行为,没收违法所得和测绘成果,并处测绘约定报酬一倍以上二倍以下的罚款。

以欺骗手段取得测绘资质证书从事测绘活动的,吊销测绘资质证书,没收违法所得和测绘成果,并处测绘约定报酬一倍以上二倍以下的罚款。

《中华人民共和国测绘法》第五十六条规定:测绘单位有下列行为之一的,责令停止违法行为,没收违法所得和测绘成果,处测绘约定报酬一倍以上二倍以下的罚款,并可以责令停业整顿或者降低资质等级;情节严重的,吊销测绘资质证书:
(1)超越资质等级许可的范围从事测绘活动的。
(2)以其他测绘单位的名义从事测绘活动的。
(3)允许其他单位以本单位的名义从事测绘活动的。
其他详见《测绘资质管理规定》第十八、十九、二十条规定的法律责任。

任务二　测绘执业资格管理

《中华人民共和国测绘法》规定,从事测绘活动的专业技术人员应当具备相应的执业资格条件,具体办法由国务院测绘行政主管部门会同国务院人事行政主管部门规定。

一、测绘执业资格的概念

测绘执业资格是指自然人(公民、个人)从事测绘活动应当具备的知识、技术水平和能力等。
(1)应当具备测绘理论知识。
(2)应当具备基本的测绘专业技术水平。

(3)应当具备所从事专业的技术工作能力:测绘项目的技术设计能力、测绘生产的组织能力、对测绘成果的检查验收能力。

(4)具备一定的运用法律知识和管理知识处理事务的能力。

二、测绘执业资格管理及特征

(一)测绘执业资格管理的规定

国家对测绘执业资格做出具体规定:

(1)对从事测绘活动的测绘专业技术人员进行测绘执业资格考试。

(2)发放测绘执业资格证书。

(3)进行测绘执业资格证书的审验注册。

(4)依法查处非法从事测绘等行政活动。

(二)测绘执业资格管理的特征

1. 测绘执业资格管理是一项法定的管理制度

(1)测绘执业资格管理是国家实行测绘执业资格管理的制度。

(2)测绘执业资格管理是从事测绘活动的测绘专业技术人员必须具备执业资格条件。

(3)测绘执业资格管理是国家要制定测绘执业资格的管理办法。

(4)测绘执业资格管理是国务院人事行政主管部门和国务院测绘行政主管部门承担相应测绘执业资格管理责任。

2. 测绘执业资格管理制度是一种行政许可制度

从事测绘活动的个人只有按照国家有关规定,经过法定的程序,才能获得从事测绘活动的权利和资格。

我国各行业的执业资格是在国务院人事行政部门的指导下,由行业主管部门负责管理本行业的执业资格。

三、注册测绘师

(一)注册测绘师的概念

注册测绘师是指经考试取得"中华人民共和国注册测绘师执业资格证书",并经依法注册后,从事测绘活动的专业技术人员。

(二)注册测绘师的资格取得

国家对从事测绘活动的专业技术人员,实行职业准入制度。经考试取得"中华人民共和国注册测绘师资格证书"。

1. 考试

注册测绘师资格实行全国统一大纲、统一命题的考试制度,原则上每年举行一次。一个考试年度内考试科目全部合格。

2. 报考条件

凡中华人民共和国公民,遵守国家法律、法规,恪守职业道德,并具备下列条件之一的,可申请参加注册测绘师资格考试 。详见《注册测绘师制度暂行规定》第九条。

3. 考试实施

见《注册测绘师资格考试实施办法》。

4. 证书管理

注册测绘师资格考试合格，颁发人事部统一印制，人事部、国家测绘局共同用印的“中华人民共和国注册测绘师资格证书”，该证书在全国范围内有效。

5. 法律责任

对以不正当手段取得“中华人民共和国注册测绘师资格证书”的，由发证机关收回。自收回该证书之日起，当事人 3 年内不得再次参加注册测绘师资格考试。

（三）注册测绘师的注册

1. 执业注册

国家对注册测绘师资格实行注册执业管理，取得“中华人民共和国注册测绘师资格证书”的人员，经过注册后方可以注册测绘师的名义执业。

2. 注册、审查机关

国家测绘局为注册测绘师资格的注册审批机构。各省、自治区、直辖市人民政府测绘行政主管部门负责注册测绘师资格的注册审查工作。

3. 注册申请

申请注册测绘师资格注册的人员，应受聘于一个具有测绘资质的单位，并通过聘用单位所在地（聘用单位属企业的通过本单位工商注册所在地）的测绘行政主管部门，向省、自治区、直辖市人民政府测绘行政主管部门提出注册申请。

4. 证书核发

国家测绘局自做出批准决定之日起 10 个工作日内，将批准决定送达经批准注册的申请人，并核发统一制作的“中华人民共和国注册测绘师注册证”和执业印章。

5. 有效期与证书效力

“中华人民共和国注册测绘师注册证”每一注册有效期为 3 年。“中华人民共和国注册测绘师注册证”和执业印章在有效期限内是注册测绘师的执业凭证，由注册测绘师本人保管、使用。

6. 初始注册

自取得“中华人民共和国注册测绘师资格证书”之日起 1 年内提出注册申请。

逾期未申请者，在申请初始注册时，须符合本规定继续教育要求。

材料要求见《注册测绘师制度暂行规定》第十八条，共四项。

7. 延续注册

注册有效期届满需继续执业的，应在届满前 30 个工作日内，按照《注册测绘师制度暂行规定》第十四条规定的程序申请延续注册。审批机构应当根据申请人的申请，在规定的时限内做出是否准予延续注册的决定；逾期未做出决定的，视为准予延续。延续注册需要提交下列材料，详见《注册测绘师制度暂行规定》第十九条，共三项。

8. 变更注册

在注册有效期内，注册测绘师变更执业单位，应与原聘用单位解除劳动关系，并按《注册测绘师制度暂行规定》第十四条规定的程序办理变更注册手续。变更注册后，其“中华人民共和国注册测绘师注册证”和执业印章在原注册有效期内继续有效。

变更注册需要提交下列材料：详见《注册测绘师制度暂行规定》第二十条，共三项。

9. 不予注册

注册申请人有下列情形之一的，不予注册：

(1)不具有完全民事行为能力的。

(2)刑事处罚尚未执行完毕的。

(3)因在测绘活动中受到刑事处罚，自刑事处罚执行完毕之日起至申请注册之日止不满3年的。

(4)法律、法规规定不予注册的其他情形。

10. 证书失效

注册测绘师因丧失行为能力、死亡或者被宣告失踪的，其"中华人民共和国注册测绘师注册证"和执业印章失效。

11. 报告义务

注册申请人有下列情形之一的，应由注册测绘师本人或者聘用单位及时向当地省、自治区、直辖市人民政府测绘行政主管部门提出申请，由国家测绘局审核批准后，办理注销手续，收回"中华人民共和国注册测绘师注册证"和执业印章。具体详见《注册测绘师制度暂行规定》第二十二条，共十种情形。

12. 法律责任

注册申请人以不正当手段取得注册的，应当予以撤销，并由国家测绘局依法给予行政处罚；当事人在3年内不得再次申请注册；构成犯罪的，依法追究刑事责任。

13. 继续教育

继续教育是注册测绘师延续注册、重新申请注册和逾期初始注册的必备条件。在每个注册期内，注册测绘师应按规定完成本专业的继续教育。

注册测绘师继续教育，分必修课和选修课，在一个注册期内必修课和选修课均为60学时。

(四)注册测绘师的执业

1. 执业要求

注册测绘师应在一个具有测绘资质的单位，开展与该单位测绘资质等级和业务许可范围相应的测绘执业活动。

2. 执业范围

(1)测绘项目技术设计。

(2)测绘项目技术咨询和技术评估。

(3)测绘项目技术管理、指导与监督。

(4)测绘成果质量检验、审查、鉴定。

(5)国务院有关部门规定的其他测绘业务。

3. 执业能力

(1)熟悉并掌握国家测绘及相关法律、法规和规章。

(2)了解国际、国内测绘技术发展状况，具有较丰富的专业知识和技术工作经验，能够处理较复杂的技术问题。

(3)熟练运用测绘相关标准、规范、技术手段，完成测绘项目技术设计、咨询、评估及测绘成果质量检验管理。

(4)具有组织实施测绘项目的能力。

4. 执业效力

在测绘活动中形成的技术设计和测绘成果质量文件,必须由注册测绘师签字并加盖执业印章后方可生效。

5. 测绘文件修改

修改经注册测绘师签字盖章的测绘文件,应由该注册测绘师本人进行;因特殊情况,该注册测绘师不能进行修改的,应由其他注册测绘师修改,并签字加盖印章,同时对修改部分承担责任。

6. 执业收费

注册测绘师从事执业活动,由其所在单位接受委托并统一收费。

7. 质量责任

因测绘成果质量问题造成的经济损失,接受委托的单位应承担赔偿责任。接受委托的单位依法向承担测绘业务的注册测绘师追偿。

(五)注册测绘师的权利、义务

1. 享有的权利

(1)使用注册测绘师称谓。

(2)保管和使用本人的"中华人民共和国注册测绘师注册证"和执业印章。

(3)在规定的范围内从事测绘执业活动。

(4)接受继续教育。

(5)对违反法律、法规和有关技术规范的行为提出劝告,并向上级测绘行政主管部门报告。

(6)获得与执业责任相应的劳动报酬。

(7)对侵犯本人执业权利的行为进行申诉。

2. 履行的义务

(1)遵守法律、行政法规和有关管理规定,恪守职业道德。

(2)执行测绘技术标准和规范。

(3)履行岗位职责,保证执业活动成果质量,并承担相应责任。

(4)保守知悉的国家秘密和委托单位的商业、技术秘密。

(5)只受聘于一个有测绘资质的单位执业。

(6)不准他人以本人名义执业。

(7)更新专业知识,提高专业技术水平。

(8)完成注册管理机构交办的相关工作。

四、测绘作业证

《中华人民共和国测绘法》第三十一条规定,测绘人员进行测绘活动时,应当持有测绘作业证件。

第四十四条规定测绘人员使用永久性测量标志,必须持有测绘作业证件,并保证测量标志的完好。

第三十二条规定:测绘人员的测绘作业证件的式样,由国务院测绘地理信息主管部门统一规定。

《测绘作业证管理规定》立法目的：为使测绘工作顺利进行，保障测绘外业人员进行测绘活动时的基本权利。

（一）测绘作业证的特征

（1）测绘作业证是测绘人员从事测绘活动的合法身份证明，需要具备一定的条件才能获得。

（2）测绘作业证为测绘人员提供权利保障，也有利于保护与测绘活动发生关系的单位和个人的合法权益。

（3）从事测绘活动出示测绘作业证件是测绘人员的义务，同时也可以防止非法测绘活动。

（4）为持有测绘作业证件从事测绘活动的测绘人员提供便利是与测绘活动发生关系的单位和个人的义务。

（5）测绘作业证件效力的有限性。

（二）测绘作业证的取得

1. 发放范围

测绘外业作业人员和需要持测绘作业证的其他人员（简称测绘人员）应当领取测绘作业证。进行外业测绘活动时应当持有测绘作业证。

2. 管理职责

国家测绘局负责测绘作业证的统一管理工作。省、自治区、直辖市人民政府测绘行政主管部门负责本行政区域内测绘作业证的审核、发放和监督管理工作 。

3. 作业证适用范围

测绘作业证在全国范围内通用。

4. 取得测绘作业证的条件

须在具有测绘资质的单位从业，从事测绘外业工作或其他需要持有测绘作业证的人员。

5. 申领测绘作业证程序

测绘单位应当向单位所在地的省、自治区、直辖市人民政府测绘行政主管部门或者其委托的市（地）级人民政府测绘行政主管部门提出办证申请，并需填写测绘作业证申请表和测绘作业证申请汇总表。

省局应当自收到办证申请，并确认各种报表及各项手续完备之日起 30 日内，完成测绘作业证的审核发证工作。

测绘单位领取测绘作业证，应当缴纳证件工本费。测绘作业证工本费收费依照国务院有关主管部门核定的标准执行。

6. 申领单位义务

领证单位必须如实反映领证人员情况，严格执行领证规定，不得弄虚作假、虚报冒领，并对领证人员的真实情况负责。

（三）测绘作业证的使用

测量人员在下列情况下应主动出示测绘作业证：

（1）进入机关、企业、住宅小区、耕地或者其他地块进行测绘时。

（2）使用测量标志时。

(3)接受测绘行政主管部门的执法监督检查时。

(4)办理与所进行的测绘活动相关的其他事项时。

特殊要求:进入保密单位、军事禁区和法律法规规定的需经特殊审批的区域进行测绘活动时,还应当按照规定持有关部门的批准文件。

(四)测绘人员义务

测绘人员进行测绘活动时,应当遵守国家法律法规,保守国家秘密,遵守职业道德,不得损毁国家、集体和他人的财产。测绘人员必须依法使用测绘作业证,不得利用测绘作业证从事与其测绘工作身份无关的活动。

测绘人员对测绘作业证应当妥善保存,防止遗失,不得损毁,不得涂改。测绘作业证只限持证人本人使用,不得转借他人。

测绘人员遗失测绘作业证,应当立即向本单位报告并说明情况。所在单位应当及时向发证机关书面报告情况。

(五)上交与换领

测绘人员离(退)休或调离工作单位的,必须由原所在测绘单位收回测绘作业证,并及时上交发证机关。

测绘人员调往其他测绘单位的,由新调入单位重新申领测绘作业证。

(六)法律责任

测绘人员有下列行为之一的,由所在单位收回其测绘作业证并及时交回发证机关,对情节严重者依法给予行政处分;构成犯罪的,依法追究刑事责任:

(1)将测绘作业证转借他人的。

(2)擅自涂改测绘作业证的。

(3)利用测绘作业证严重违反工作纪律、职业道德或损害国家、集体或者他人利益的。

(4)利用测绘作业证进行欺诈及其他违法活动的。

测绘单位申报材料不真实,虚报冒领测绘作业证的,由省、自治区、直辖市人民政府测绘行政主管部门收回冒领的证件,并根据其情节给予通报批评。

任务三　测绘作业人员管理

一、法律依据

《中华人民共和国测绘法》第八条规定,外国的组织或者个人在中华人民共和国领域和中华人民共和国管辖的其他海域从事测绘活动,应当经国务院测绘地理信息主管部门会同军队测绘部门批准,并遵守中华人民共和国的有关法律、行政法规的规定。外国的组织或者个人在中华人民共和国领域从事测绘活动,应当与中华人民共和国有关部门或者单位依法合作进行,并不得涉及国家秘密和危害国家安全。

二、外国人来华测绘形式

(1)设立中外合作企业的形式从事测绘活动。

(2)外国组织或个人投资项目中的测绘活动。

(3)中外合作项目中的测绘活动。

三、外国人来华测绘审批

(一)外国的组织或者个人来华测绘应当遵循的原则

(1)必须遵守中华人民共和国的法律、法规和国家有关规定。

(2)不得涉及中华人民共和国的国家秘密。

(3)不得危害中华人民共和国的国家安全。

(二)审批主体

国务院测绘地理信息主管部门会同军队测绘部门负责来华测绘的审批。

(三)审批前提

来华测绘应当符合测绘管理工作国家秘密范围的规定。测绘活动中涉及国防和国家其他部门或者行业的国家秘密事项,从其主管部门的国家秘密范围规定。

(四)来华测绘的形式

合作测绘——测绘资质证书。

一次性测绘——批准文件。

(五)合资合作测绘禁止活动

合作测绘禁止以下活动:

(1)大地测量。

(2)测绘航空摄影。

(3)行政区域界线测绘。

(4)海洋测绘。

(5)地形图和普通地图编制。

(6)导航电子地图编制。

(7)国务院测绘行政主管部门规定的其他测绘活动。

(六)合资合作企业申请测绘资质应当具备的条件

(1)符合《中华人民共和国测绘法》以及外商投资的法律法规的有关规定。

(2)符合《测绘资质管理规定》的有关要求。

(3)合作企业须由中方控股。

(4)已经依法进行企业登记,并取得中华人民共和国法人资格。

(七)审批程序

申请材料分别向国家测绘局和省局提交;国家测绘局受理后通知省局初审;接到初审意见后5个工作日内送军队测绘部门会同审查,并在接到会同审查意见后8个工作日内做出审查决定;审查合格的,由国家局颁发相应等级的测绘资质证书;不合格的,做出不予许可的决定。

四、外国人来华测绘监督

(一)特别要求

合作测绘或者一次性测绘的,应当保证中方测绘人员全程参与具体测绘活动。

(二)成果管理

外国的组织或者个人依法与中华人民共和国有关部门或者单位合作,经批准在中华人民共和国领域内从事测绘活动的,测绘成果归中方部门或者单位所有,并由中方部门或者单位向国务院测绘行政主管部门汇交测绘成果副本。

外国的组织或者个人依法在中华人民共和国管辖的其他海域从事测绘活动的,由其按照国务院测绘行政主管部门的规定汇交测绘成果副本或者目录。

来华测绘成果归中方部门或者单位所有的,未经依法批准,不得以任何形式将测绘成果携带或者传输出境。

(三)监督主体

县级以上地方人民政府测绘地理信息主管部门,应当加强对本行政区域内来华测绘的监督管理。

(四)监督检查内容

(1)是否涉及国家安全和秘密。

(2)是否在测绘资质证书载明的业务范围内进行。

(3)是否按照国务院测绘行政主管部门批准的内容进行。

(4)是否按照《中华人民共和国测绘成果管理条例》的有关规定汇交测绘成果副本或者目录。

(5)是否保证了中方测绘人员全程参与具体测绘活动。

五、法律责任

(一)法律责任一

违反《中华人民共和国测绘法》的规定,有下列行为之一的,责令停止违法行为,没收测绘成果和测绘工具,并处一万元以上十万元以下的罚款;情节严重的,并处十万元以上五十万元以下的罚款,责令限期离境;所获取的测绘成果属于国家秘密,构成犯罪的,依法追究刑事责任:

(1)外国的组织或者个人未经批准,擅自在中华人民共和国领域和管辖的其他海域从事测绘活动。

(2)外国的组织或者个人未与中华人民共和国有关部门或者单位合作,擅自在中华人民共和国领域从事测绘活动的。

(二)法律责任二

《外国的组织或者个人来华测绘管理暂行办法》所规定的法律责任:

有下列行为之一的,由国务院测绘行政主管部门撤销批准文件,责令停止测绘活动,处3万元以下罚款。有关部门对中方负有直接责任的主管人员和其他直接责任人员,依法给予行政处分;构成犯罪的,依法追究刑事责任。对形成的测绘成果依法予以收缴:

(1)以伪造证明文件、提供虚假材料等手段,骗取一次性测绘批准文件的。

(2)超出一次性测绘批准文件的内容从事测绘活动的。

(三)法律责任三

未经依法批准将测绘成果携带或者传输出境的,由国务院测绘地理信息主管部门处3万元以下罚款;构成犯罪的,依法追究刑事责任。

案例分析与练习题

【案例分析】

1. 2007 年 12 月 17 日，××市国土资源局发现有外国人未经行政许可，擅自在当地进行测绘活动。××市国土资源局立即向省测绘局进行汇报，并迅速组织人员在相关部门的协助下进行查处。

经调查，擅自进行测绘的是一名地质师，随行还有一名中国籍男子，于 2007 年 12 月 7 日到达××市，在此期间进行非法测绘活动。××市国土资源局经过对该外籍男子的 GPS 接收机和笔记本电脑采集的数据进行处理，共发现有河南、云南、四川、青海、新疆、陕西等省地理信息坐标达 586 组，其中在××市采集有 54 组三维坐标。

××市国土资源局依据《中华人民共和国测绘法》第五十一条关于外国的组织或者个人违法在我国进行测绘活动的法律责任的有关规定，对该外籍男子做出没收测绘成果和测绘工具，罚款人民币 10 万元的行政处罚。

2. 日本株式会社国土情报研究所所长大林成行 2005 年 9 月随日本旅游团到新疆，途中脱离旅游团，与其同事东俊孝携带手持 GPS 接收机，采用 GPS 动态差分测量技术，未经批准在我国新疆和田地区非法采集地理信息数据，被国家安全部门当场抓获。大林成行、东俊孝的行为，违反了《中华人民共和国测绘法》第八条的规定，新疆维吾尔自治区国家安全厅做出责令限期离境，暂扣有关设备和资料的决定；新疆维吾尔自治区测绘局调查取证后于 2006 年 4 月 10 日依据《中华人民共和国测绘法》第五十一条规定，对大林成行、东俊孝做出没收测绘成果和测绘工具，并处罚款人民币 8 万元的行政处罚。

【练习题】

一、单项选择题

1. 从事测绘活动的单位应该取得(　　)。

A. 测绘许可证　　B. 测绘资质证书

C. 测绘执业资格证书　　D. 测绘作业证

2. 测绘单位在从事测绘活动中，因泄露国家秘密被国家安全机关查处的，测绘资质审批机关应当(　　)。

A. 注销其测绘资质证书

B. 对其处 5 万元以上 20 万元以下罚款

C. 对其处 100 万元以下罚款

D. 注销其测绘资质证书并处 100 万元以下罚款

3. 根据《测绘资质管理规定》，省级测绘地理信息行政主管部门负责制订本行政区域内测绘资质巡查工作计划并组织实施，每年巡查比例不少于本行政区域内各等级测绘资质单位总数的(　　)%。

A. 2　　B. 5　　C. 7　　D. 10

4. 根据《测绘资质管理规定》，测绘资质单位申请晋升甲级测绘资质的，应当取得乙级测绘资质满(　　)年。

A. 2　　B. 3　　C. 4　　D. 5

5. 根据《注册测绘师制度暂行规定》,对以不正当手段取得“中华人民共和国注册测绘师资格证书”的,由发证机关收回。自收回该证书之日起,当事人不得再次参加注册测绘师资格考试的期限为(　　)年内。

A. 1　　B. 2　　C. 3　　D. 5

6. 根据《注册测绘师执业管理办法(试行)》,注册测绘师继续教育分为必修教育和选修教育,在一个注册有效期内,必修内容和选修内容均不得少于(　　)学时。

A. 20　　B. 30　　C. 50　　D. 60

7. 根据《注册测绘师执业管理办法(试行)》,下列岗位中,必须由注册测绘师充任的是(　　)。

A. 总工程师　　B. 法定代表人

C. 技术和质检负责人　　D. 质量分管负责人

8. 根据《注册测绘师制度暂行规定》,取得资格证书超过1年不满3年提出申请初始注册者,须提供不少于(　　)学时继续教育必修内容培训的证明。

A. 10　　B. 20　　C. 30　　D. 40

9. 根据国家测绘地理信息局测绘作业证式样有关情况说明,下列内容中,不属于测绘作业证组成部分的是(　　)。

A. 封皮　　B.《中华人民共和国测绘法》(相关条款)

C. 内芯　　D. 用证人姓名

10. 根据《测绘作业证管理规定》,省、自治区、直辖市人民政府测绘地理信息行政主管部门或者其委托的市(地)级人民政府测绘地理信息行政主管部门应当自收到办证申请,并确认各种报表及各项手续完备之日起(　　)内,完成测绘作业证的审核发证工作。

A. 10　　B. 15　　C. 20　　D. 30

11. 关于申请测绘资质的说法,错误的是(　　)

A. 测绘资质受理机关应当自收到申请之日起5日内做出受理决定

B. 申请单位涉嫌违法测绘被立案调查的,应当受理其测绘资质申请,待结案后再审批

C. 申请单位涉嫌违法测绘被立案调查的,案件结案前不受理其测绘资质申请

D. 初次申请测绘资质原则上不得超过乙级

12. 对于大地测量项目招标邀请,该单位正确的做法是(　　)

A. 使用本单位测绘资质证书投标

B. 借用其他单位测绘资质证书投标

C. 不参与投标

D. 从中标单位分包部分大地测量业务

13. 关于注册测绘师应履行的义务的说法,错误的是(　　)

A. 应当履行岗位职责,保证执业活动成果质量,并承担相应责任

B. 可以同时受聘于两个测绘单位执业

C. 不准他人以本人名义执业

D. 应当更新专业知识,提高专业技术水平

14. 关于“中华人民共和国注册测绘师资格证书”初始注册中期限的说法,正确的是(　　)

A. 3个月内　B. 6个月内　C. 1年内　D. 2年内

15. 关于注册测绘师在一个注册期内继续教育学时的说法,正确的是(　　)

A. 必修课60学时,选修课30学时　B. 必修课和选修课均为50学时

C. 必修课和选修课均为60学时　D. 必修课50学时,选修课30学时

16. 关于测绘人员调离或退休,其测绘作业证处理方法,错误的是(　　)

A. 收回调离人员的测绘作业证

B. 由调离人员自行销毁

C. 收回退休人员的测绘作业证

D. 对调离人员,由其新调入单位为其申领测绘作业证

17. 关于测绘作业证的说法,错误的是(　　)

A. 由国家测绘局统一规定样式

B. 在本省(自治区、直辖市)区测绘行政主管部门审核发放

C. 在本省(自治区、直辖市)区域内使用

D. 测绘人员从事测绘活动应当持有专业证件

18. 中外合资合作企业申请测绘资质应当向(　　)提交申请材料。

A. 国务院测绘行政主管部门和其所在地的省、自治区、直辖市人民政府测绘行政主管部门

B. 所在地的省、自治区、直辖市人民政府测绘行政主管部门

C. 国务院测绘行政主管部门

D. 军队测绘主管部门

19. 关于外国组织或个人携带我国测绘成果出境的说法,正确的是(　　)

A. 可以携带出境

B. 不可以携带出境

C. 未经依法批准,不得以任何形式携带出境

D. 经中方合作单位同意后可以携带出境

20. 关于从事测绘活动的中外合作企业授权构成的说法,正确的是(　　)。

A. 由中方控股　B. 外方股权比例不受任何限制

C. 由外方控股　D. 外方股份应当为50%

21. 根据《测绘资质管理规定》,我国测绘资质的专业范围共分(　　)类。

A. 10　B. 11　C. 12　D. 13

22. 下列关于房产测绘资质的说法中,错误的是(　　)。

A. 房产测绘资质的审批,应当征求房地产行政主管部门的意见

B. 甲级房产测绘资质,由国务院测绘行政主管部门审批发证

C. 申请房产测绘资质,应当向所在地省级测绘行政主管部门提出

D. 乙级房产测绘资质单位可以承担规划总建筑面积200万 m^2 以下的居住小区的房产测绘项目。

23. 根据《中华人民共和国测绘法》,降低测绘资质等级、暂扣测绘资质证书、吊销测绘资质证书的行政处罚,由(　　)决定。

A. 国务院测绘地理信息主管部门　B. 省级测绘地理信息主管部门

C. 县级以上测绘地理信息主管部门　　　　D. 颁发资质证书的部门

24. 根据《注册测绘师制度暂行规定》，负责注册测绘师资格注册审查工作的机构是(　　)。

A. 国务院测绘行政主管部门

B. 省级测绘行政主管部门

C. 省级人事行政部门

D. 聘用单位所在地的市级测绘行政主管部门

25. 下列关于注册测绘师执业活动的说法中，正确的是(　　)。

A. 在测绘活动中形成的技术设计文件，必须由注册测绘师签字并加盖执业印章后方可生效

B. 修改经注册测绘师签字盖章的测绘文件，应由该注册测绘师所在单位法定代表人进行

C. 注册测绘师从事执业活动，由注册测绘师所在地测绘行政主管部门统一接受委托并收费

D. 因特殊情况，注册测绘师不能修改经其本人签字盖章的测绘文件的，应当由所在单位法定代表人或总工程师修改，并签字加盖印章

26. 注册测绘师执业过程中，因测绘成果质量问题造成的经济损失，应当由(　　)承担赔偿责任。

A. 注册测绘师　　　　B. 接受委托的单位

C. 测绘成果质量负责人　　　　D. 测绘成果完成人

27. 外国的组织或者个人依法与我国有关部门或者单位合资、合作，经批准在我国从事测绘活动的，汇交测绘成果的主体是(　　)。

A. 中方部门或者单位　　　　B. 外国的组织或者个人

C. 合资、合作企业　　　　D. 成果所在地省级测绘行政主管部门

28. 根据《测绘作业证管理规定》，测绘人员遗失测绘作业证，应当立即向(　　)报告并说明情况。

A. 所在单位　　　　B. 所在地测绘地理信息行政主管部门

C. 省级以上测绘地理信息行政主管部门　　　　D. 发证机关

29. 根据《测绘作业证管理规定》，下列关于测绘作业证的说法中，不正确的是(　　)。

A. 测绘人员调往其他测绘单位的，由本人重新申领测绘作业证

B. 测绘人员离(退)休的，必须由原所在测绘单位收回测绘作业证

C. 测绘人员调离工作单位的，由原所在测绘单位收回测绘作业证，并及时上交发证机关

D. 测绘人员遗失测绘作业证，应当立即向本单位报告并说明情况

30. 根据《测绘作业证管理规定》，省、自治区、直辖市人民政府测绘地理信息行政主管部门应当明确相应的机构负责测绘作业证的审核、发放和管理工作，应当及时汇总本地区领取测绘作业证情况并于当年(　　)月底以前报国家测绘地理信息局。

A. 3　　　　B. 6　　　　C. 9　　　　D. 12

31. 根据《外国的组织或者个人来华测绘管理暂行办法》，经国务院及其有关部门批准，

外国的组织或者个人来华开展科技、文化、体育等活动时，需要进行一次性测绘活动的，应当向(　　)提交申请材料。

A. 所在地省级测绘地理信息行政主管部门

B. 国务院测绘地理信息行政主管部门

C. 国务院有关部门

D. 国务院

32. 某测绘单位的测绘资质证书载明的业务范围为工程测绘，对于大地测量项目招标邀请，该单位正确的做法是(　　)。

A. 使用本单位测绘资质证书投标

B. 借用其他单位测绘资质证书投标

C. 不参与投标

D. 从中标单位分包部分大地测量业务

33. 关于注册测绘师应履行的义务的说法，错误的是(　　)。

A. 应当履行岗位职责，保证执业活动成果质量，并承担相应责任

B. 可以同时受聘于两个测绘单位执业

C. 不准他人以本人名义执业

D. 应当更新专业知识，提高专业技术水平

34. 根据《外国的组织或者个人来华测绘管理暂行办法》，下列关于来华测绘的说法中，不正确的是(　　)。

A. 来华测绘应当符合测绘管理工作国家秘密范围的规定

B. 合作测绘或者一次性测绘的，应当保证中方测绘人员全程参与具体活动

C. 来华测绘涉及其他法律法规规定的审批事项的，应当经相应主管部门批准

D. 国务院测绘地理信息行政主管部门负责来华测绘的审批

35. 根据《外国的组织和个人来华测绘管理暂行办法》，下列原则中，不属于来华测绘应当遵循的原则是(　　)。

A. 必须依法经国务院测绘地理信息行政主管部门批准

B. 必须遵守中华人名共和国的法律、法规和国家有关规定

C. 不得涉及中华人民共和国的国家秘密

D. 不得危害中华人民共和国的国家安全

36. 外国的组织或者个人在中华人民共和国领域和管辖的其他海域从事测绘活动，必须经国务院测绘行政主管部门会同(　　)批准，并遵守中华人民共和国的有关法律、行政法规的规定。

A. 国土资源行政主管部门　　　　B. 国家安全机关

C. 军队测绘主管部门　　　　D. 海洋行政主管部门

37. 外国组织或者个人在我国违法从事测绘活动，情节严重的，可以在做出责令停止违法行为、没收测绘成果和测绘工具并处一万以上十万元以下罚款的基础上，并处十万元以上五十万元以下的罚款，责令限期离境。其中，责令限期离境的处罚，应当由(　　)决定。

A. 国务院测绘行政主管部门　　　　B. 国家安全机关

C. 公安部门　　　　D. 颁发资质证书的部门

二、多项选择题

1. 根据《测绘资质分级标准》，下列测绘专业范围中，设置监理专业子项的有(　　)。

A. 摄影测量与遥感　　B. 地理信息系统工程

C. 工程测量　　D. 海洋测绘

E. 测绘航空摄影

2. 根据《测绘资质分级标准》，下列测绘活动中，取得相应测绘资质证书的乙级单位不得承担的是(　　)。

A. 全球导航卫星系统连续运行基准站建设　　B. 地理信息系统工程

C. 倾斜摄影　　D. 基线测量

E. 海图编制

3. 根据《外国的组织或者个人来华测绘管理暂行办法》，下列情形中，属于县级以上地方人民政府测绘地理信息行政主管部门应当定期检查的有(　　)。

A. 是否涉及国家安全和秘密

B. 是否在测绘资质证书载明的业务范围内进行

C. 是否按照国务院测绘地理信息行政主管部门批准的内容进行

D. 是否从事与测绘无关的其他活动

E. 是否保证了中方测绘人员全程参与具体测绘活动

4. 根据《外国的组织或者个人来华测绘管理暂行办法》，下列测绘活动中，禁止合作测绘的有(　　)。

A. 工程测量　　B. 测绘航空摄影

C. 摄影测量与遥感　　D. 海洋测绘

E. 互联网地图服务

5. 根据《注册测绘师制度暂行规定》，下列行为中，属于注册测绘师应当履行的义务是(　　)。

A. 执行测绘技术标准和规范　　B. 受聘于一个有测绘资质的单位执业

C. 不准他人以本人名义执业　　D. 在规定的范围内从事测绘执业活动

E. 履行岗位职责，保证执业活动成果质量

6. 根据《注册测绘师执业管理办法(试行)》，下列文件中，需要由注册测绘师签字并加盖执业印章的有(　　)。

A. 项目合同　　B. 成果质量检查报告

C. 最终成果文件　　D. 仪器检定报告

E. 项目监理报告

7. 以欺骗手段取得测绘资质证书从事测绘活动的行为，应当给予(　　)处罚。

A. 责令停业整顿或者降低资质等级

B. 吊销测绘资质证书

C. 没收违法所得和测绘成果

D. 处测绘约定报酬一倍以上二倍以下的罚款

E. 处十万元以下的罚款

8. 外国组织或者个人在中华人民共和国领域和管辖的其他海域从事测绘活动，必须满

足下列条件(　　)。

A. 经国务院测绘行政主管部门会同军队测绘主管部门批准

B. 与中华人民共和国有关部门或者单位依法采取合作的形式进行

C. 不得涉及国家秘密和危害国家安全

D. 遵守中华人民共和国有关法律、行政法规的规定

9. 从事测绘活动的单位依法应当具备下列条件(　　)。

A. 有相应的注册资本

B. 有与其从事的测绘活动相适应的技术装备和设施

C. 有健全的技术质量保证体系和测绘成果资料档案管理制度

D. 有与其从事的测绘活动相适应的专业技术人员

E. 具备国务院测绘行政主管部门规定的其他条件

10. 超越测绘资质等级许可的范围从事测绘活动的行为,应当给予(　　)处罚。

A. 责令停止违法行为　　B. 处十万元以下的罚款

C. 责令停业整顿或者降低资质等级　　D. 情节严重的,吊销测绘资质证书

E. 没收违法所得和测绘成果

三、思考题

1. 据国家测绘局介绍,违法测绘手段呈现隐蔽化特点,2009 年,中国共查处了 1 058 起案件,这一数字比 2006 年翻了一番。而此类案件的发生,多数是由于各种利益的驱动,且外国人非法测绘案呈增多趋势。结合此现象谈谈你对外国人在中国测绘的看法。涉外非法测绘为什么疏于防范、屡禁不绝?

2. 通过什么方式可取得测绘执业资格?

3. 取得注册测绘师资格证书后是否可以以注册测绘师的名义执业?

附录　测绘管理相关法律法规

附录一　《中华人民共和国民法典》合同法编

《中华人民共和国民法典》第三编为“合同编”，是《民法典》的重要组成部分，共分为三个分编，包括通则、典型合同和准合同，共 29 章 526 条。以下是合同编的主要内容和特点。

一、合同编的结构

（一）第一分编：通则

规定了合同的订立、效力、履行、保全、变更和转让、权利义务终止、违约责任等内容。

完善了合同总则制度，增加了电子合同、预约合同等新规定。

（二）第二分编：典型合同

规定了 19 类典型合同，包括买卖合同、借款合同、租赁合同、建设工程合同等。

（三）第三分编：准合同

包括无因管理和不当得利的内容，这些内容虽与合同规则有所区别，但同属债法性质。

二、合同编的主要内容

（一）合同的订立

当事人可以采用书面形式、口头形式或其他形式订立合同。

增加了电子合同的订立规则，明确通过互联网发布的商品或服务信息符合要约条件的，提交订单成功时合同成立。

（二）合同的效力

明确了国家订货合同的法律适用，规定在抢险救灾、疫情防控等特殊情况下，有关民事主体应依照法律规定订立合同。

（三）合同的履行

强调合同履行应遵循绿色原则，避免浪费资源、污染环境。

完善了情势变更制度，允许在合同成立后因不可抗力或情势变更导致合同无法履行时，当事人可请求变更或解除合同。

（四）违约责任

规定了违约责任的承担方式，包括修理、重作、更换、赔偿损失等。

明确了违约金的调整机制，允许法院或仲裁机构根据实际情况对违约金进行调整。

三、合同编的亮点

（一）新增预约合同制度

明确预约合同的法律效力，当事人不履行预约合同义务的，需承担违约责任。

(二)扩大债权人撤销权的适用范围

增加了债务人放弃债权担保、恶意延长债权履行期限等情形,债权人可请求撤销。

(三)完善电子合同规则

明确了电子合同的成立时间和效力,适应了互联网交易的发展。

(四)强化合同保全制度

完善了代位权和撤销权制度,进一步保护债权人的利益。

四、合同编的意义

《民法典》合同编在原《合同法》的基础上进行了全面修订和完善,适应了新时代市场经济发展的需求,体现了对契约自由、平等交换、公平竞争的维护。它不仅为市场主体提供了明确的行为规范,也为司法实践提供了更完善的法律依据。

如果需要进一步了解《民法典》合同编的具体条款或某一具体问题,可以参考相关法律条文。

附录二 合同缔结六大核心条款

一、资质审查条款

明确要求对方提供有效期内的《测绘资质证书》副本,并约定资质失效或降级的违约责任。

二、数据安全条款

细化数据存储、传输、销毁要求(如使用国密算法加密),引用《地理信息数据安全管理办法》(2024 年实施)作为执行标准。

三、知识产权归属

测绘成果(如地形图、三维模型)默认归属受托方,若需归属委托方,需单独约定并支付对价。

四、 保密义务

设置保密期限(建议不低于合同终止后 10 年),并列举涉密数据类型(如军事设施坐标、未公开行政区划数据)。

五、质量标准

引用《测绘成果质量检查与验收》(GB/T 24356—2023),明确误差容忍范围及复测费用分担规则。

六、争议解决

优先约定由 中国地理信息产业协会调解中心 前置调解,调解不成提交测绘项目所在地法院管辖。

附录三 《中华人民共和国测绘法》修订更新内容

根据2024年修订的《中华人民共和国测绘法》，以下是主要内容和更新要点。

一、测绘管理体制

国务院测绘地理信息主管部门负责全国测绘工作的统一监督管理，其他有关部门按照职责分工负责本部门相关测绘工作。

县级以上地方人民政府测绘地理信息主管部门负责本行政区域测绘工作的统一监督管理。

二、测绘基准和测绘系统

国家设立和采用全国统一的大地基准、高程基准、深度基准和重力基准，相关数据需经国务院批准。

卫星导航定位基准站的建设和运行维护需符合国家标准，不得危害国家安全。

三、基础测绘

基础测绘是公益性事业，实行分级管理，包括测绘基准和系统建设、基础航空摄影、基础地理信息获取等。

县级以上测绘地理信息主管部门需会同相关部门编制基础测绘规划。

四、测绘资质和资格

国家对从事测绘活动的单位实行测绘资质管理制度，单位需具备相应条件并取得测绘资质证书。

测绘单位不得超越资质等级从事测绘活动，不得转让测绘项目。

五、测绘成果管理

实行测绘成果汇交制度，测绘项目完成后需向主管部门汇交测绘成果资料。

测绘成果的使用需遵循有偿或无偿原则，涉及国家安全的重要地理信息数据需经国务院批准后公布。

六、地图管理

地图的编制、出版、展示、登载及更新需遵守国家相关标准和规定。

互联网地图服务提供者需使用经审核批准的地图，并建立数据安全管理制度。

七、法律责任

对于违反测绘法的行为，如未经批准从事测绘活动、超越资质等级从事测绘活动、不汇交测绘成果等，将处以罚款、吊销资质证书等处罚。

对于外国组织或个人未经批准擅自从事测绘活动的，将责令停止违法行为，并处以罚款，情节严重的可限期出境。

这些修订进一步规范了测绘活动，加强了测绘成果的管理和保护，同时也推动了测绘技术的创新和应用。

附录四 测绘合同(示范文本)

测绘合同(示范文本)

(GF—2000—0306)

工程名称:____________________

合同编号:____________________

国 家 测 绘 局 制 定

国家工商行政管理局

定作人（甲方）：　　　　　　　　　　　合同编号：
承揽人（乙方）：　　　　　　　　　　　签订地点：
承揽人测绘资质等级：　　　　　　　　　签订时间：

根据《中华人民共和国民法典》《中华人民共和国测绘法》和有关法律法规，经双方协商一致签订本合同。

第一条　测绘范围（包括测区地点、面积、测区地理位置等）：

第二条　测绘内容（包括测绘项目和工作量等）：

第三条　执行技术标准

序号	标准名称	标准代号	标准级别

其他技术要求：

第四条　测绘工程费

1. 取费依据：国家颁布的测绘产品价格标准。

2. 取费项目及预算工程总价款：

序号	项目名称	工作量	单价（元）	合计（元）	备注
预算工程总价款：					

3. 工程完工后，根据实际测绘工作量核计实际工程价款总额。

第五条　甲方的义务

1. 自合同签订之日起____日内向乙方提交有关资料。

2. 自接到乙方编制的技术设计书之日起____日内完成技术设计书的审定工作，并提出书面审定意见。

3. 应当保证乙方的测绘队伍顺利进入现场工作，并对乙方进场人员的工作、生活提供必要的条件。

4. 甲方保证工程款按时到位，以保证工程的顺利进行。

5. 允许乙方内部使用执行本合同所生产的测绘成果。

第六条　乙方的义务

1. 自收到甲方的有关材料之日起____日内，根据甲方的有关资料和本合同的技术要求，完成技术设计书的编制，并交甲方审定。

2. 自收到甲方对技术设计书同意实施的审定意见之日起____日内组织测绘队伍进场作业。

3. 乙方应当根据技术设计书要求确保测绘项目如期完成。

4. 允许甲方内部使用乙方为执行本合同所提供的属乙方所有的测绘成果。

5. 未经甲方允许,乙方不得将本合同标的的全部或部分转包给第三方。

第七条 测绘项目完成工期

序号	测绘项目	完成时间	备注

全部成果应于____年____月____日前交甲方验收。

第八条 乙方应当于工程完工之日起____日内书面通知甲方验收,甲方应当自接到完工通知之日起____日内,组织有关专家,依据本合同约定使用的技术标准和技术要求,对乙方所完工的测绘工程完成验收,并出据测绘成果验收报告书。

对乙方所提供的测绘成果的质量有争议的,由测区所在地的省级测绘产品质量监督检验站裁决。其费用由败诉方承担。

第九条 对乙方测绘成果的所有权、使用权和著作权归属的约定:

第十条 测绘工程费支付日期和方式

1. 自合同签订之日起____日内甲方向乙方支付定金人民币____元。并预付工程预算总价款的____%,人民币____元。

2. 当乙方完成预算工程总量的____%时,甲方向乙方支付预算工程价款的____%,人民币____元。

3. 当乙方完成预算工程总量的____%时,甲方向乙方支付预算工程价款的____%,人民币____元。

4. 乙方自工程完工之日起____日内,根据实际工作量编制工程结算书,经甲、乙双方共同审定后,作为工程价款结算依据。自测绘成果验收合格之日起____日内,甲方应根据工程结算结果向乙方全部结清工程价款。

第十一条

1. 自测绘工程费全部结清之日起____日内,乙方根据技术设计书的要求向甲方交付全部测绘成果。(见下表)

序号	成果名称	规格	数量	备注

乙方向甲方交付约定的测绘成果____份。甲方如需增加测绘成果份数，需另行向乙方支付每份工本费____元。

第十二条　甲方违约责任

1. 合同签订后，乙方未进入现场工作前，由于甲方工程停止而终止合同的，甲方无权请求返还定金。双方没有约定定金的，偿付乙方预算工程费的30%，人民币____元；乙方已进入现场工作，甲方应按完成的实际工作量支付工程价款，并按预算工程费的____%(____元)向乙方偿付违约金。

2. 乙方进场后，甲方未给乙方提供必要的工作、生活条件而造成停窝工时，甲方应支付给乙方停窝工费，停窝工费按合同约定的平均工日产值(____元/日)计算，同时工期顺延。

3. 甲方未按要求支付乙方工程费，应按顺延天数和当时银行贷款利息，向乙方支付违约金。影响工程进度的，甲方应承担顺延工期的责任，并根据本条第二项的约定向乙方支付停窝工费。

4. 对于乙方提供的图纸等资料以及属于乙方的测绘成果，甲方有义务保密，不得向第三人提供或用于本合同以外的项目，否则乙方有权要求甲方按本合同工程款总额的20%赔偿损失。

第十三条　乙方违约责任

1. 合同签订后，如乙方擅自中途停止或解除合同，乙方应向甲方双倍返还定金。双方没有约定定金的，乙方向甲方赔偿已付工程价款的____%，人民币____元，并归还甲方预付的全部工程款。

2. 在甲方提供了必要的工作、生活条件，并且保证了工程款按时到位，乙方未能按合同规定的日期提交测绘成果时，应向甲方赔偿拖期损失费，每天的拖期损失费按合同约定的预算工程总造价款的____%计算。因天气、交通、政府行为、甲方提供的资料不准确等客观原因造成的工程拖期，乙方不承担赔偿责任。

3. 乙方提供的测绘成果质量不合格的，乙方应负责无偿予以重测或采取补救措施，以达到质量要求。因测绘成果质量不符合合同要求(而又非甲方提供的图纸资料原因所致)造成后果时，乙方应对因此造成的直接损失负赔偿责任，并承担相应的法律责任(由于甲方提供的图纸资料原因产生的责任由甲方自己负责)。返工周期为____天，到____年____月____日完成，并向甲方提供测绘成果。

4. 对于甲方提供的图纸和技术资料以及属于甲方的测绘成果，乙方有保密义务，不得向第三人转让，否则，甲方有权要求乙方按本合同工程款总额的20%赔偿损失。

5. 乙方擅自转包本合同标的的，甲方有权解除合同，并可要求乙方偿付预算工程费30%(人民币____元)的违约金。

第十四条　由于不可抗力，致使合同无法履行时，双方应按有关法律规定及时协商处理。

第十五条　其他约定：

第十六条　本合同执行过程中的未尽事宜，双方应本着实事求是、友好协商的态度加以解决。双方协商一致的，签订补充协议。补充协议与本合同具有同等效力。

第十七条　因本合同发生争议，由双方当事人协商解决或由双方主管部门调解，协商或调解不成的，当事人双方同意______仲裁委员会仲裁(当事人双方未在合同中约定仲裁机构,事后又未达成书面仲裁协议的,可向人民法院起诉)。

第十八条 附则

1. 本合同由双方代表签字,加盖双方公章或合同专用章即生效。全部成果交接完毕和测绘工程费结算完成后,本合同终止。

2. 本合同一式____份,甲方____份,乙方____份。

定作人名称(盖章)	承揽人名称(盖章)
定作人住所:	承揽人住所:
邮政编码:	邮政编码:
联系人:	联系人:
电　话:	电　话:
传　真:	传　真:
E-mail:	E-mail:
开户银行:	开户银行:
银行账号:	银行账号:
法定代表人:	法定代表人:
签字:	签字:
(委托代理人)	(委托代理人)

参考文献

[1] 中华人民共和国民法典[M]. 北京:人民出版社,2020.
[2] 国家测绘地理信息局职业技能鉴定指导中心. 测绘管理与法律法规[M]. 北京:测绘出版社,2015.
[3] 曹康泰,陈邦柱. 测绘资质管理规定测绘资质分级标准(2014)[M]. 北京:中国测绘出版社,2014.
[4] 孙林. 中华人民共和国测绘法释义[M]. 北京:法律出版社,2004.
[5] 鉴定指导中心. 测绘管理与法律法规[M]. 北京:测绘出版社,2016.
[6] 骆志强. 建设项目合同管理要点与评析[M]. 北京:中国电力出版社,2016.
[7] 胡康生. 中华人民共和国合同法释义[M]. 北京:法律出版社,2013.
[8] 焦明连. 从注册测绘师制度谈测绘教育的改革[J]. 测绘通报,2007(9):74-76.
[9] 栗纲. 贯彻实施测绘法律法规提高测绘服务保障能力[N]. 山西临汾日报,2012-08-28.
[10] 郝亚东,测绘工程管理[M]. 北京:测绘出版社,2013.
[11] 中华人民共和国测绘法(含草案说明)[M]. 北京:中国法制出版社,2017.
[12] 宁津生,陈俊勇,等. 测绘学概论[M]. 2 版. 武汉:武汉大学出版社,2008.
[13] 宋克勤,徐炜,管理学[M]. 2 版,北京:首都经济贸易大学出版社,2009.